田野井製作所は、ねじをつくる工具
「タップ」「ダイス」を製造する、
100年の歴史を持つ専門メーカーです。

これは、本社のある埼玉工場。
なかなか年季が入っています。

グループ会社の
ミヤギタノイも同様です。
ところが――

中に入ると床はピカピカ！
整理・整頓もバッチリ！　それだけではありません！

FD #3
(320X92X63)
FD 特1
FD 特3
FD #3 大
FD #4
FD 特2
(237X115X54)

空き有
T-5
T-5
特-1
特-A
FD#2大
FD#2大
T-4

IT化・DX化もすごいんです！

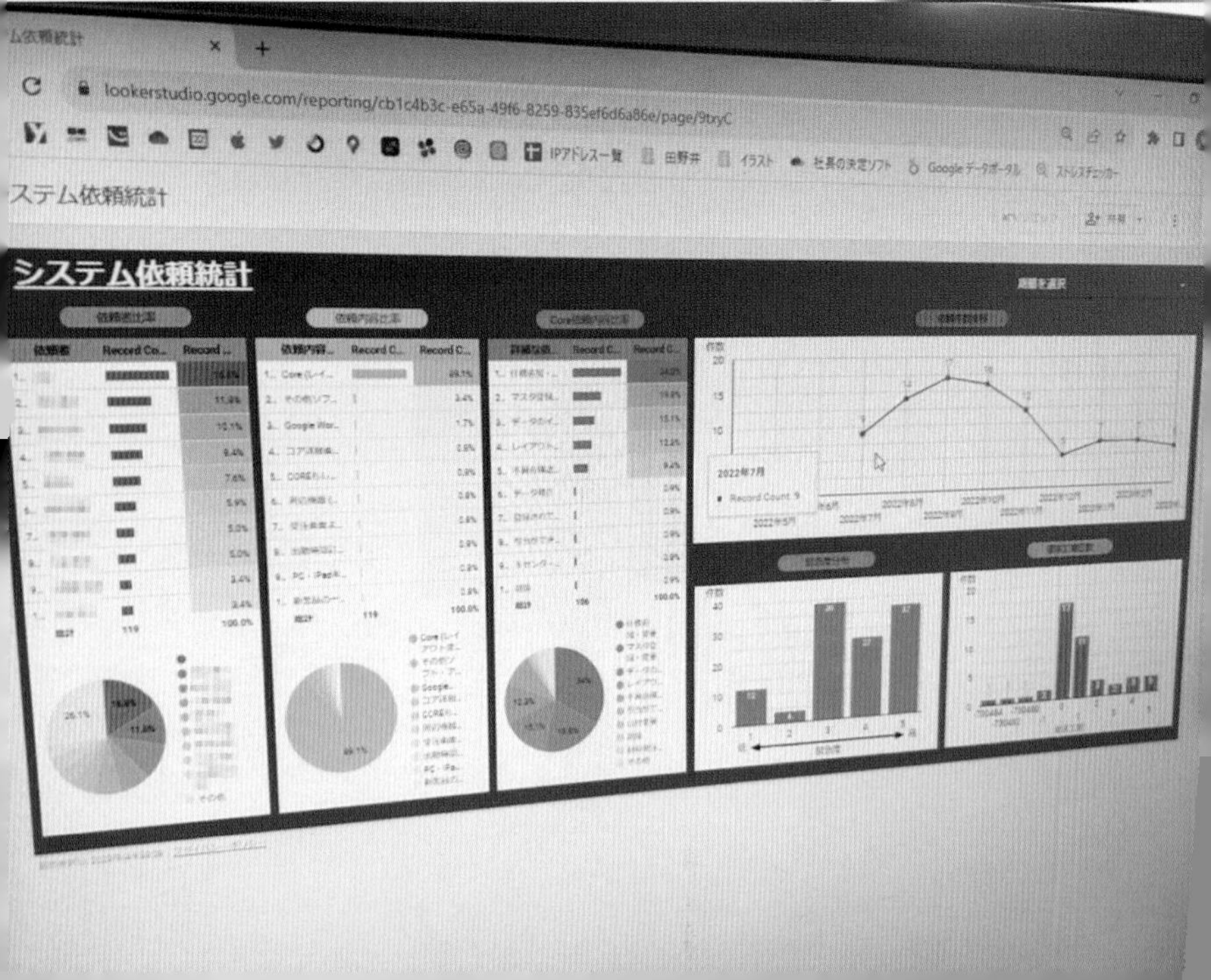

生産性があがり
残業時間も激減中！

間接部門	埼玉工場	宮城工場
10時間	40時間	80時間
⇩	⇩	⇩
0！	10時間！	45時間！

そして技術はオンリーワン！

皆様がふだん目にする車など
さまざまなものに使われています。

田野井製作所は2023年に

1923年（大正12年）11月3日――創業者田野井丈之助がタップ・ダイスの専門メーカーとして創業

1935年（昭和10年）――海軍の指定工場となる

1941年（昭和16年）――陸軍の指定工場となる

1943年（昭和18年）――埼玉工場を新設する

1959年（昭和34年）――日本工業規格（JIS）ハンドタップ1級表示許可工場となる

1961年（昭和36年）――工業標準化実施優良工場として東京通商産業局長より表彰される

1963年（昭和38年）――米国ベスリイ・ウェルス社との技術提携により日本で最初に盛上げタップ“タフレット”を開発し発売する

1964年（昭和39年）――工業標準化実施優良工場として工業技術院長賞を受賞する

1968年（昭和43年）――創業者の田野井丈之助が勲五等双光旭日章叙勲を受ける

1970年（昭和45年）――2代目社長に田野井一が就任。平ダイスの生産を開始する

1971年（昭和46年）――住友電気工業（株）と共同し日本で初の超硬タップを開発し発売する

1973年（昭和48年）――（株）ミヤギタノイを100%出資にて設立し操業を開始する

1982年（昭和57年）――本田技研工業（株）の協力により深穴用タフレットを開発し発売する

1985年（昭和60年）――3代目社長に佐藤静夫が就任

1987年（昭和62年）――4代目社長に田野井義政が就任

100周年を迎えました。

- 1990年(平成2年)――切削加工と塑性加工機能を併せ持ったTシリーズ・スパイラルタップを開発し発売する
- 1993年(平成5年)――ミヤギ工場にタップ集約のため工場を増設する
- 2002年(平成14年)――第14回中小企業優秀新技術・新製品賞の技術・製品部門でITタフレットが奨励賞を受賞
- 2004年(平成16年)――第1回モノづくり部品大賞でマルチタップが奨励賞を受賞
- 2008年(平成20年)――元気なモノ作り中小企業300社として経済産業省より認定される
- 2009年(平成21年)――社団法人発明協会　東北地方発明表彰特別実施功績賞を受賞する
- 2010年(平成22年)――〝超〟モノづくり部品大賞奨励賞を受賞する
- 2012年(平成24年)――「第4回みやぎ優れMONO」にゼロチップが認定される。社団法人発明協会　東北地方発明表彰特別実施功績賞を受賞する
- 2013年(平成25年)――日本工具工業会エコファクトリー部門で環境貢献賞を受賞する　5代目社長に田野井優美が就任
- 2015年(平成27年)――第6回モノづくり日本大賞　特別賞を受賞
- 2018年(平成30年)――埼玉県多様な働き方実践企業に認定区分ゴールド+として認定される
- 2020年(令和2年)――埼玉県より彩の国工場に認定される
- 2022年(令和4年)――会長の田野井義政が旭日単光章叙勲を受ける
- 2023年(令和5年)――創業100周年!

次の100年に向けて
私たちが力を入れているのが人づくり。

働きやすく、働きがいのある
会社をつくるために、
大改革を実行中！

なぜなら、ものづくりこそ、

EMERGENETICS®| PROFILE

田野井 優美 - 2019年1月19日

思考と行動のスタイル

分析型 = 3%
- 明確な思考
- 論理的に問題を解決
- データを重視する
- 理性的
- 分析することで学ぶ

コンセプト型 = 34%
- 創造的
- アイデアが直感に浮かぶ
- 視野が広い
- 変わったことがすき
- いろいろ試してみる

構造型 = 27%
- 実用性を重視
- 説明書はしっかり読む
- 新しい考え方には慎重
- 予想できることを好む
- 自分の経験にもとづいて判断

社交型 = 36%
- 相手との関係を重視する
- 社会性を重視する
- 同情しやすい
- 人に共感する
- 人から学ぶことが多い

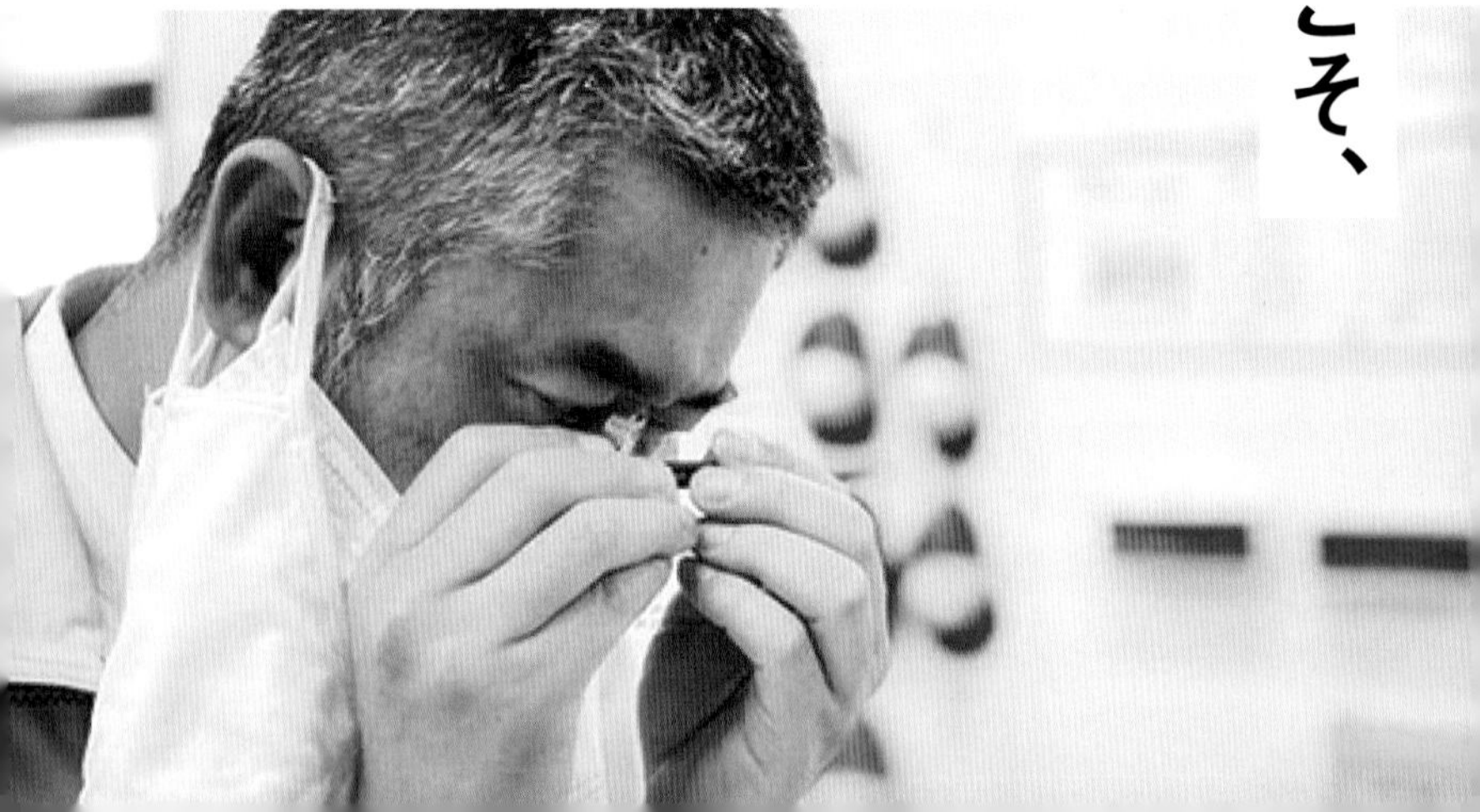

人づくりだから。

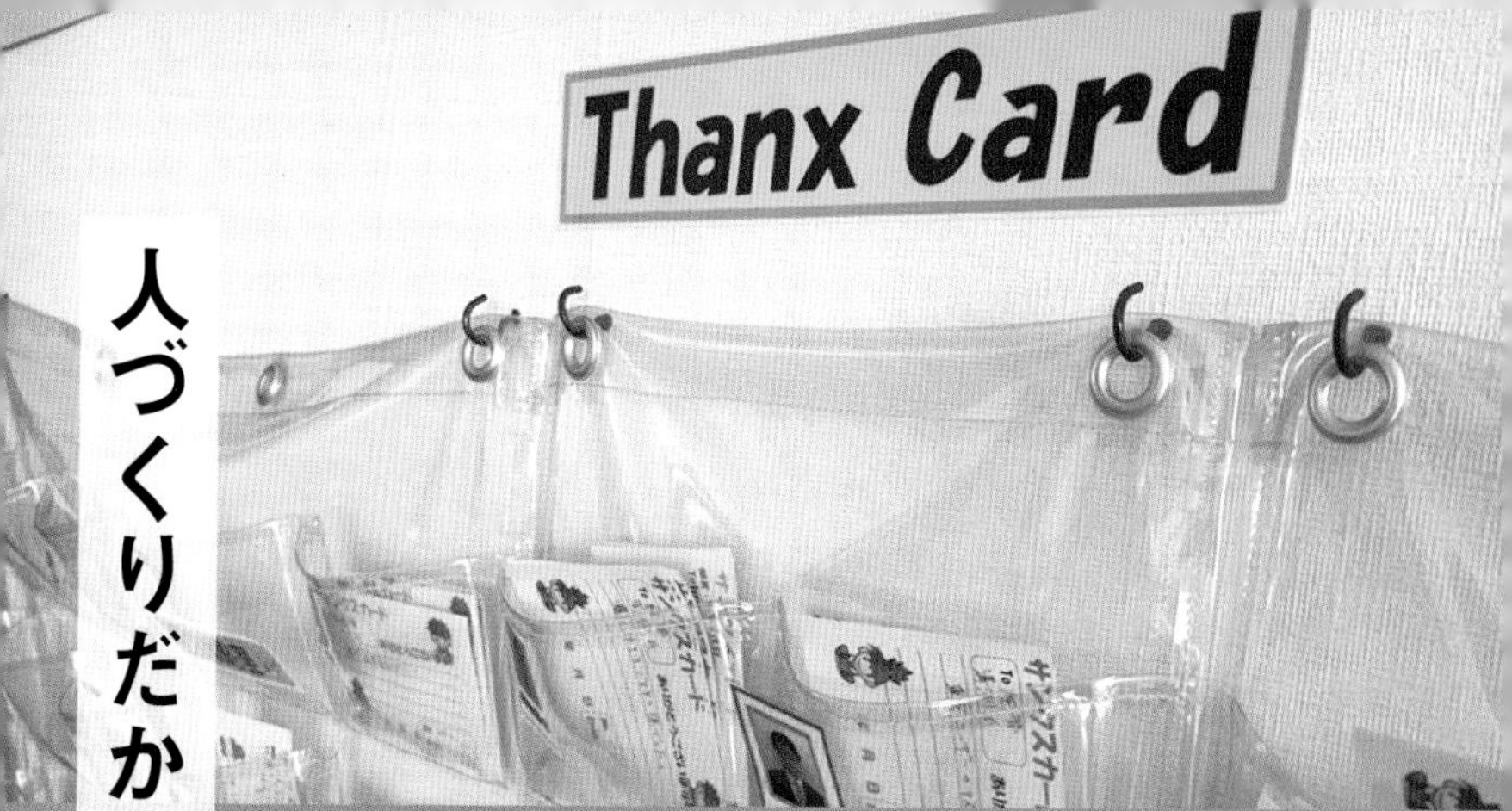

製造業は、〝無〟から〝有〟を生み出す仕事。
だから素晴らしい！
私たちの人が輝く仕組みを紹介します！

100年企業のものづくりは人づくり

5代目女性社長の奮闘記

株式会社田野井製作所
代表取締役 田野井優美

あさ出版

はじめに

東京から車で約1時間。**TANOI**の埼玉工場は、埼玉県白岡市の田園地帯に位置しています。ご近所には畑や民家の他、メーカーの工場や倉庫が点在。その風景にわが社の工場も溶け込んでいます。

トタンに覆われた工場の外観は古く、お世辞にもきれいとは言えません。TANOIは、この地に本社を置く**株式会社田野井製作所**とそのグループ会社である**株式会社ミヤギタノイ**（本社：宮城県）の総称。**2023年に創業100周年**を迎えた老舗のタップ・ダイスメーカー（タップとダイスは、ネジをつくるための工具のこと）です。

1945年に開業した埼玉工場には78年の歴史があり、築50年と築46年の建屋は今も現役で稼働しています。積み重なった年月を考えると、どこか古ぼけた印象を与えるのは致し方ないことなのでしょう。

ただ、外観の印象から、時代遅れの前近代的な工場を思いうかべるのは間違いです。わが社の埼玉工場には、さまざまな方が見学にいらっしゃいます。直接のお取引先である商社の方、当社の商品をお使いいただいているユーザーの方、支援してくださる金融機関の方、ベンチマーキングのために見学にくる経営者仲間、インターンでやってくる学生たち。2021年には大野元裕・埼玉県知事も県内中小企業の視察でいらっしゃいました（同様に2019年、ミヤギタノイの工場にも村井嘉浩・宮城県知事が視察にいらっしゃっています）。

みなさん立場はさまざまですが、ほぼ異口同音におっしゃることがあります。

「工場の中はきれいだね。築50年の工場とは思えない！」

「ものづくりの現場は３Ｋ（きつい、汚い、危険）のイメージが強いけれど、ここは違う」

「整理整頓されていて効率的に動けそう。うちの会社でもマネしたい」

実のところ、工場の設備は最新のものばかりではありません。建屋と同じく年季の入った工作機械も数多く残っています。

しかし、長年続けている5S活動の成果で、どれも手入れが行き届いています。また、油を使う工場にもかかわらず床や機械はピカピカ。ごみはもちろん落ちていないし、工具類は所定の場所にきちんと置かれていて、ものを探すのに手間取ることもありません。

現場で働く社員たちは、お客様が見えると元気に挨拶します。かつてはお客様が通っても無視して黙々と作業する社員が多かったのですが、明るい社員は元気よく、そうではない社員もその人なりの笑顔で自然に挨拶をします。

ものや設備がきれいに整えられていて、働く人もイキイキと作業をしている——。外観が古色蒼然《こしょくそうぜん》とした印象を与えるだけに、ギャップを感じて驚かれる方が多いのです。

元気印の5代目女性社長が会社を改革

工場見学に来たみなさんが驚かれることがもう一つあります。

社長が女性であることです。TANOIは、典型的なファミリー企業です。先代社長には4人の子がいて、私は第二子の長女。他の3人は男性です。きょうだい全員がTANOIに入社していますが、兄や弟たちの推薦もあって、2013年から私、田野井優美が5代目社長を務めています。

もともと経営者は圧倒的に男性のほうが多く、女性社長がいてもその多くはサービス業です。製造業で女性社長は滅多にいない希少種でしょう。わが社に工場見学に来る方は事前に社長が女性であることを知っているケースが多いのですが、いざ私が出てきて工場を案内すると、

「ホントに女性だったんですね」

とびっくりされます。

私自身、33歳で後継者に指名されて副社長に抜擢されたときには驚きました。幼いころから超がつくほど活発で、弟たちを従えて先頭に立つようなタイプだったものの経営にとくに興味はなく、まさか自分が家業を継ぐことになるとは夢にも考えていませんでした。

ただ、何も知らなかったことが幸いだったのでしょう。会社を経営していればさまざまなしがらみができるものですが、私は無知であるのをいいことに怖いもの知らずでどんどん改革を進めました。

とくに力を入れたのは**5Sなどの業務改善やデジタル化**です。

中小企業の工場は職人肌の社員に支えられている面があります。ものづくりの現場だけでなく、営業やバックオフィスもそうです。

しかし、ベテランの勘と経験だけに頼ってやっていける時代ではありません。若手から高齢の社員までみんなに活躍してもらえるように、もっと働きやすさや働きがいがあり、効率的に仕事ができる職場をつくる必要があります。

その取り組みは道半ばですが、この10年で社員の表情が前にも増して明るくなり、一人ひとりのスキルも向上しました。直近はコロナ禍で厳しい場面がありましたが、業績は安定して推移しています。

少なくても社長になってからは女性であることがハンデになったことはなく、むしろ私らしさを活かして会社をいい方向に導けているのではないかと考えています。

一方、10年経って歴史の重みも感じています。

私たちがつくるタップやダイスは、長持ちしてトラブルが少ないという評判を業界で得ています。

こうしたお客様からの信頼は、一朝一夕に築けるものではありません。また、品質のいい製品を開発・生産する技術も、長年蓄積されてきた技術のたまものです。現在、私が理想の会社を目指してさまざまな挑戦ができるのも、創業者や父などの歴代社長、そして先輩社員のみなさんがＴＡＮＯＩの土台を築き、ブランドを磨き続けてくれたおかげです。

ＴＡＮＯＩは創業１００周年を迎えました。多くの企業が現れては消えていく中で、タップとダイスの専業メーカーが存在し続け、今また多くの方が工場見学に来るような会社になったことは奇跡と言ってもいいかもしれません。

ただ、１００年は未来への通過点です。

今やらなくてはいけないのは、次の１００年に向けて礎を築くこと。１００年後にＴＡＮＯＩを率いる社長やそこで働く社員たちが「ＴＡＮＯＩの一員でよかった」と心から思えるように、さらに会社を強くしていく。それが田野井家に生まれ、バトンを受け継いだ私の責務です。

本書では、ＴＡＮＯＩ１００年の歴史を振り返りつつ、お客様から愛されるものづくりや、社員が幸せに働ける職場づくりの取り組みを余すことなくご紹介しています。

中小企業の社長の中には、今後の経営者をどうするべきか悩まれている方や、かつての私と同じように歴史ある会社を継いで途方に暮れている方もいるでしょう。また、歴史ある会社に入社したものの、職場には古い手法や価値観が色濃く残っていて、働きやすさや働きがいを感じていないビジネスパーソンも少なくないはずです。

引き継いできた強みを活かしながら、新しい時代にふさわしい価値をどうやってつくっていくか。私自身が悩み、家族や社員に助けてもらいながら乗り越えたプロセスを赤裸々に語ることで、中小企業にかかわるみなさんに少しでもお役に立つことができたら幸いです。

２０２３年９月

株式会社田野井製作所　代表取締役　田野井 優美

第1章 なぜTANOIは100年続いてきたのか

第2章 100年企業の歴史はジェットコースター!?

第3章

おてんば娘が5代目社長になったワケ

第4章

TANOIの工場が進化した理由

第5章 ものづくりは人づくりから始まる

第6章

働きやすい職場が会社を成長させる

編集協力：村上 敬

第1章

なぜTANOIは100年続いてきたのか

ものづくりに欠かせない工具、タップとダイスとは？

みなさんがお使いの**工業製品の20個に一つはTANOIが関わっている**と言ったら驚かれるでしょうか。

ただし、工業製品をばらばらに分解しても、TANOIがつくったものを見つけることはできません。私たちがつくっているのは、タップとダイスというねじ切り工具。つまりTANOIの製品でねじがつくられ、それが各種工業製品に使われています。

もう少し具体的にお話ししましょう。

ねじというと、普通は細長い金属の棒にらせん状の溝が入った細長いものを思い浮かべるかもしれません。たしかにらせん状のねじ山がついたものはねじの一種であり、「雄ねじ」と呼ばれます。

しかし、雄ねじだけでは物をつなぎとめられません。物を固定するには、雄ねじとセットになるねじ穴である「雌ねじ」が必要です。雌ねじはナットの形になっていることもあれば、金属にねじ穴が直接開けられることもあります。いずれにしてもねじは雄ねじと雌ねじがワンセットで構成されています。

金属の棒にねじ山をつくる工具がダイスです。ダイスは内側に硬い刃がついていて、それを押し当てることで金属棒にらせん状の切り込みを入れて雄ねじにします。ダイスを購入して使うのは、ねじメーカーです。

一方、**穴にねじ山をつくる工具をタップ**と言います。金属に雌ねじを直接つくるときは、まずドリルで穴をあけて、そこにタップを押し入れてねじ山をつくります。タップを使うのは、ねじメーカーではなく、工業製品をつくっているメーカーやその下請けの部品メーカーです。

ＴＡＮＯＩは田野井製作所とミヤギタノイの2社で成り立っていて、田野井製作所の埼玉工場ではダイスと超硬合金のタップ、ミヤギタノイの宮城工場ではハイスピードスチール（高速度鋼）のタップを製造しています。タップやダイスはお客様の仕様に合わせて設計するものもあれば、規格品やＴＡＮＯＩオリジナル品もあります。

ＴＡＮＯＩの国内シェアは約５％。よって、ねじの20個に一つは私たちが関わったものといえるわけです。

ただし、それは計算上の話です。ＴＡＮＯＩのタップの主なお客様は自動車関連の部品メーカーです。その他、建機や農機の製造にも私たちのタップがよく使われています。エンジンで動く乗り物を見たら、ＴＡＮＯＩのタップでつくったねじが使われている可能性が５％よりはずっと高いと考えてもらってかまいません。

ちなみに業界最大手はシェア65％前後の上場企業で、２番手のシェアも25％ほどあります。残りを中小メーカーで分け合う形になっていて、ＴＡＮＯＩは全体で３番手という位置づけです。

３番手とはいえ、大手に引けを取っているとは思っていません。最上位の会社は工具の総合メーカーですが、私たちはタップとダイスの専業メーカーです。ねじに関する専門的なノウハウでは、むしろ日本トップクラスだと自負しています。

TANOI はタップとダイスの専門メーカー

・タップ

・ダイス

オンリーワン商品で競合と差別化

ねじの話をもう少し続けさせてください。
雄ねじをつくるダイスと、雌ねじをつくるタップ。よりねじの精度が求められるのはどちらの工具だと思われますか。

雄ねじは、金属棒の外側を加工するため、何かトラブルがあったときに可視化できるので原因をつきとめることが比較的容易です。一方、雌ねじ加工は穴の中で行われることにより、加工中に切りくずなどが穴の中で悪さをしていることが外から確認することができません。そのため、トラブルの原因をつきとめるのに時間を要したり、トラブルが発生しない性能と信頼性が求められます。

タップは、他の業界からの新規参入はさほど多くはありません。ＴＡＮＯＩは創業100年ですが、この業界は老舗企業が多く、単に技術的な障壁が高いというだけでなく、高額な設備投資に対して市場価格が低めに設定されているため、他業界からの新規参入が起きづらいのです。

構造的に儲かりにくい業界で、ＴＡＮＯＩはどうやって生き残ってきたのか。

競合は他の工具にも手を広げて活路を見出しましたが、私たちは違います。むしろ専業メーカーとしてタップやダイスの品質を追求して、付加価値を高める方向に舵を切っています。競合より**加工時のトラブルが少なく、長持ちするタップやダイス**を開発して、差別化を図っているのです。

私たちのつくる高付加価値タップは、標準品と比べて価格を高めに設定しています。単価は高くても、トラブル回避や長寿命化によってお客様にとってはトータルでコストダウンになります。一方、私たちにとっては利益率の改善になり、儲かりにくい構造から脱却することが可能です。

利益が増えれば、より高付加価値のタップやダイスの研究開発や、最新の生産設備の導入、そして従業員の働きがいや働きやすさの向上にお金を使えます。その投資がさらにお客様のメリットを増大させて、また未来への投資へとつながっていく。タップとダイスに特化した専業メーカーでも、そのサイクルを回すことで成長し続けることができます。実際、TANOIはそうやって100年生き残ってきたのです。

商社との関係強化が成長の鍵に

メーカーにとって品質のいいものをつくることは生命線であり、これまでも、そしてこれからもその姿勢が揺らぐことはありません。

ただし、いいものをつくってさえいれば売れるという時代は残念ながら終わってしまいました。これからは、いいものをつくったうえで、いかにその魅力をお客様に伝えて価値を感じてもらうかということが大事になってきます。

現在、TANOIの商品の9割は商社経由です。ただ、数ある工具商社のすべてが

ＴＡＮＯＩを扱ってくれているわけではありません。私たちのタップは自動車関連部品の加工によく使われていると言いましたが、それは自動車産業に強い商社に扱ってもらっているから。裏を返すと、それ以外の商社とは取引が少ないのが実情です。今後は航空機や医療機器など、他の分野に強みを持つ商社との関係構築も強化したいと考えています。

また、すでに取引のある商社との関係もさらに深めていかなくてはいけません。単に在庫として置いてもらうだけでなく、お客様に「ＴＡＮＯＩならお客様の課題を解決できますよ」と勧めてもらうことができるかどうか。そのためにはＴＡＮＯＩ製品の強みを商社のみなさんにもっとアピールする必要があります。

現在、わが社の営業には、担当商社と定期的に講習会——要するに自社商品の特長を理解してもらうための勉強会を行ってもらっています。コミュニケーションを積み重ねれば、商社の中でＴＡＮＯＩのプレゼンスが上がり、お客様の目に触れる機会も増えてくると考えています。

ドクターセールスでお客様の真の課題を解決

商社とのパイプを太くする一方で、私たち自身が商社とともにお客様に直接アプローチする努力も必要です。

といっても、単に直販すればいいという話ではありません。お客様の現場に足を運び、お客様が抱える課題に向き合って、最適なソリューションを提案する――いわゆるソリューション営業でお客様に価値を感じてもらうことが大切です。

先代社長である父、義政は早くからそのことに気づいていて、2009年に**「ドクターセールス」**という社内用語をつくり、展開しました。

前述のとおり、タップ加工は穴の中で行われるため、トラブルが起きたときの原因究明が容易ではありません。そこでタップ加工の専門医的な知見を持つＴＡＮＯＩのセールス担当が、実際に現場で診察を行い、原因を見極めて最適な処方箋を書く。そうしたコンセプトでソリューション営業を展開したのです。

診察はこちらからお客様にお願いすることもあれば、お客様から直接ご相談いただくこともあります。また、商社から「お困りのお客様がいる。一緒に現場に行きましょう」と声をかけていただくケースもあります。いずれにしてもお客様の現場で直接話をうかがうことで、お客様により貢献できるようになりました。

具体例をあげましょう。

あるお客様はタップの寿命が短いことに悩んでいました。タップの寿命が短いと交換のために機械を止める必要があり、タップ自体の費用もかさみます。そのお客様はそれまで競合のタップを使っていたのですが、ＴＡＮＯＩに切り替えることで**寿命は4倍に**なり、ご満足いただけました。

ただ、わが社のドクターセールスはお客様の次の一言を聞き洩らしませんでした。

「寿命は延びてよかったんだけど、相変わらずバリ（加工時に発生するささくれのようなもの）が出るんだよね。バリを手作業で取ったり、きちんと取れているかどうかを目視で確認するのにどうしても手間や時間がかかってしまう」

ＴＡＮＯＩには、バリを除去するタップがあります。これを使えば手作業や目視の手間を減らせます。ただ、長寿命タップほど、長寿命化は見込めません。「タップの寿命を延ばしたい」というお客様の要望を表面的にとらえていたら、選択肢に入らないでしょう。

しかし、わが社のドクターセールスは現場で直接話して、お客様の最終的な目的がコストダウンであることを理解していました。ならば、寿命を多少犠牲にしても、バリ取りのための工程やその後の目視検査の時間を減らしたほうがいい。そう判断して、バリを除去するタイプのタップを提案したのです。

長寿命のタイプに比べて寿命は短くなるものの、競合の従来品に比べると寿命は2倍に延びました。しかもバリが発生しないので生産性が上がります。テストでしばらく使ってもらった結果、お客様は効果を確認して、最終的に採用に至りました。

医療にたとえるなら「痛いから痛み止め薬を処方してほしい」と訴える患者さんに

対して、痛み止めではなく、痛みの大元を治す薬を提案するようなものです。

お客様の要望に表面的に応えるだけでなく、課題を深掘りして最適なソリューションを届けるのが我々ドクターセールスの役目です。

お客様を元気にする主治医になりたい

ときにはドクターセールスの「治療」がTANOIの製品ではないところに及ぶケースもあります。

あるお客様から、タップ加工でトラブルが続出しているとご連絡がありました。ドクターセールスが現場に出向いて診断したところ、原因はタップ加工ではなく前工程にあることがわかりました。

タップでねじ山をつくるにはその前にドリルで下穴を開ける必要がありますが、ドリルが摩耗していたために下穴のサイズが小さくなっていました。小さな穴に無理やりタップを入れれば、トラブルが起きやすくなるのは当然です。真犯人はタップではなくドリルの摩耗だったのです。

ドリルが原因なので、交換すべきはタップではなくドリルのほうです。お医者さんのように診察代をもらうわけではないので、その診断を下したところでわが社には1円も入ってきません。

しかし、私たちはお客様の課題が解決するならそれでいいと考えています。ドクターセールスが目指しているのは、単発の診療ではなく、お客様の主治医になること。お客様に誠実に向き合っていれば、また何か困った症状が起きたときに、「TANOIのドクターセールスは名医だった。また診察をお願いしよう」と思い出してもらえるはず。いずれはそれがTANOI製品の購買につながるでしょう。

かかりつけ医のように繰り返して診察を行ううちに、劇的なコストダウンに成功したお客様もいます。ドクターセールス統括部部長の吉川雅也が担当した自動車部品メーカーのお客様です。

「競合のタップをお使いでしたが、トラブルが頻発して相談を受けました。治療法としてタップの切り替えをおすすめして、導入いただきました。その後もこちらの提案を採用していただいた結果、最終的にタップの寿命は25倍に。折損頻度は180分の1になり、国内だけでなくお客様の中国工場、アメリカ工場でも採用されました。タップの費用はTANOIに切り替える前に年間1億円だったそうですが、現在は年間400万円です。**年間9600万円のコストダウン**になり、お客様から多大な評価をいただいています。営業担当としても誇らしい気持ちです」

ドクターセールスは、お客様の金額に現れる定量的な効果をもたらすだけではありません。営業部主任の木須祐貴から次の報告を聞いたとき、私の胸も熱くなりました。

「切りくずが出ないタイプのタップをご提案したところ、寿命が3倍になり、切粉残りがなくなりました。その結果は予想していた通りですが、後日、変わりないかどうかを確認するためにアフターフォローの訪問をしたら、現場作業員の方から『**エアブ**

ローの作業（残った切粉を飛ばず工程）がなくなって楽になっただけじゃなく、仕事が楽しくなったよ』と声をかけられました。自分たちの活動がお客様の働きがいにまでいい影響を与えているとわかって、こちらもやる気が出ました」

ものづくりの現場は、どちらかといえば縁の下の力持ち。単調な作業の繰り返しも多く、退屈さを感じる人もいるでしょう。

しかし、それはものづくりの一面にすぎません。本来、無から有を生み出すものづくりは創造性に富んだエキサイティングなものです。ドクターセールスがその楽しさを思い出してもらうきっかけになったのだとしたら、同じものづくりに携わる者として、これほどうれしいことはありません。そこにはお金に換算できない素晴らしい価値があるのではないでしょうか。

ドクターセールスはＴＡＮＯＩの魅力を伝える活動であると同時に、**日本のものづくりを活性化させる活動**でもあります。わが社の営業担当から「お客様が元気になった」という報告を受けると、本当にこの活動を続けてきてよかったと感じます。

ドクターセールスはTANOIのもう一つの強み

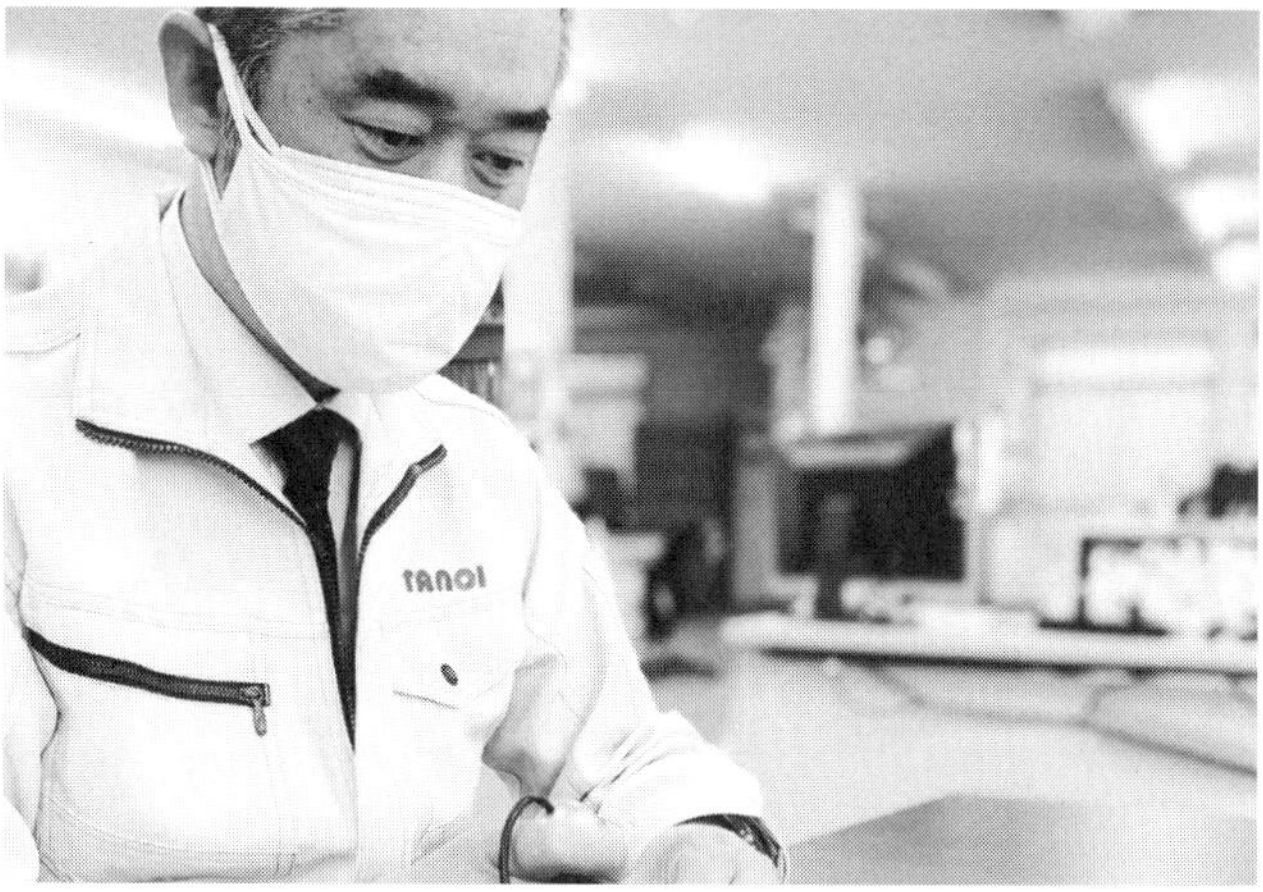

先代がドクターセールスを始めてから15年。この活動が定着してきたことが、近年のＴＡＮＯＩの成長を支えてきたことは間違いありません。１００周年を迎えられたのも、高付加価値商品の開発に加えて、その魅力を伝えてお客様の課題解決に役立ててこれたことが大きいのではないでしょうか。

ＴＡＮＯＩは１００年続く工場もすごいけど、営業もすごい！

胸を張ってそう言いたいです。

第2章

100年企業の歴史はジェットコースター!?

長く続くにはレジリエンスが必要

ＴＡＮＯＩの強みは、１００年かけて磨き上げてきたものづくりの技術やノウハウです。

とはいえ、老舗であることを自慢したいわけではありません。古いことに価値があるというだけなら、戦前に創業したタップ・ダイスのメーカーはもれなく生き残っているはずです。

ＴＡＮＯＩが１００年続けてこれたのは、引き継いだものをベースにして、時代に合わせて絶えずそれを進化させてこれたからだと思っています。スタートが早かったことは有利でしたが、それに胡坐をかくことなく歩み続けてこれたからこそ、現在の私たちがいます。

では、実際にどのようにして歴史を積み重ねてきたのでしょうか。

正直に言うと、「進化」だけを続けてきたわけではありません。ときには時代の波に翻弄されて沈没寸前になったり、私たち自身の力が足りなかったせいで経営が傾いたこともありました。

しかし、そのたびに危機を乗り越えてきました。最近の経営用語でいえば、レジリエンス（困難に対してしなやかに対応して回復する力）と言えば伝わるでしょうか。外部環境や内部要因で躓いても、そのたびに立ち上がり、ふたたび未来に向けて一歩を踏み出してきたのです。

この章では、ＴＡＮＯＩが七転八倒しながらどのようにして進化してきたのかを振り返ります。私自身、今回の執筆にあたって過去の資料を読み、驚いたり、勇気づけられたりしたことがたくさんありました。

社長業10年になった今も私は会社経営の難しさを実感する日々ですが、過去の社長たちも同じように頭を悩ませ、心が揺れ、そして困難を克服してきたのです。ＴＡＮＯＩの汗と涙の歴史をさっそくご紹介していきましょう。

農家の次男が「技術」で立身出世を目指す

創業者の田野井丈之助（私の祖父に当たります）が田野井製作所を設立したのは、1923年、関東大震災のあった年の11月3日でした。

実は丈之助は田野井製作所を立ち上げる前にもいくつか事業を行っていました。田野井家のファミリービジネスという視点で見ると、創業は100年よりさらに昔ということになります。

田野井製作所の前史も含めて、創業者の歩みを追っていきましょう。

丈之助は1897年、和暦で言えば明治30年に現在の神奈川県横浜市港南区日野で生まれました。現在はベットタウンになっていますが、祖父が生まれたころは山林と田んぼ、畑が3分の1ずつ広がる農村だったそうです。

丈之助は3人兄弟の次男でした。当時は長男が家督を継いでほぼすべてを相続することがあたりまえの時代。父からは「次男ゆえ、分け与えられるほどの田畑はない。しっかり勉強して技術を身につけよ」と育てられたそうです。

ＴＡＮＯＩが技術を重視するそもそもの発端は、創業者の父――つまり私の曽祖父の一言だったわけです。

丈之助は学業がそれなりにできたそうです。父には中学校（現在の高校）への進学をすすめられましたが、「早く手に職をつけたい」と、1912年、15歳で海軍直属の軍需工場である、横須賀海軍工廠《こうしょう》に入って働き始めます。当時の海軍工廠は倍率6倍超の狭き門で、働き手の多くは士族（武士の子孫）。平民の丈之助にとっては高い壁でしたが、見習工として採用されました。

配属は造兵部でした。昼間に働いた後は、工廠に併設の実業補習学校に通って技術を学びました。入所2年目には旋盤で左の薬指を切る事故を起こします。切断は免れたものの、左手の薬指は不自由に。工作機械を扱う怖さを自ら体験したことで、その後は安全に気をつけるようになり、その精神は今も私たちに引き継がれています。

転機は6年目でした。上司の造兵部工務主任が、ベアリングの専業メーカーである日本精工の社長に迎えられることになり、丈之助も誘われて転職します。当時の職人は徒弟制度が色濃く残っていて、親方が移れば一緒についていくことが珍しくありませんでした。

一方、当時は戦争気分の高まりとともに兵器生産の需要が強まり、工員は不足気味でした。そうした背景もあって、いい条件があれば気軽に転職する自由な時代でもありました。丈之助も最初の転職の後、4つの工場を渡り歩いてさまざまな技術を身につけました。

起業に失敗して実家の財産を食いつぶす

丈之助の最初の起業は1919年でした。父に5000円（現在の価値だと約2500万円）を借りて工作機械を5～6台購入して、高輪製作所を設立。最初は芝浦製作所（現在の東芝）の孫請けで仕事を受けていたものの、失敗。その後も知人から仕事を紹介されてトライしたものの、ことごとくうまくいきませんでした。

のちに本人は、この時期の失敗について「独立したタイミングがよくなかった」と語っています。

独立直前までは第一次世界大戦でダメージを負わなかった日本は好況が続いていました。しかし、1919年下半期から不況が始まり、労働者のストライキや銀行の取り付け騒ぎが起きるようになってきました。不況の中でも強い商品があれば事業を軌道に乗せられたかもしれません。しかし、丈之助は請負仕事に頼っていたため、不況の波をもろに被ってしまった。たとえばある会社に頼まれてピアノの鉄の部分をつくったものの、発注先が倒産。代金の回収はできませんでした。

丈之助は事業が立ち行かなくなるたびに父から資金を援助してもらい、その額は2年間で2万円（現在なら1億円）に及びました。

田野井家は中規模の農家でしたから裕福だったわけではありません。丈之助から無心されるたび山林や田畑を売り、結局実家も困窮することに。丈之助自身、最後は古ぼけた目覚まし時計一つしか家財道具は残らなかったそうです。

無一文になった丈之助は、仕方なく以前の務め先に復帰します。不況時は、毎月きちんとお給料がもらえることほどありがたいことはありません。ちょうど結婚して所帯を持ったこともあって、安定した生活に安堵していたはずです。

ところが、その生活も長く続きません。1923年9月に関東大震災が発生。その影響で勤め先の工場がつぶれてしまったのです。

結婚して、老いた父を引き取っていた丈之助は、家族を食べさせる方法を必死で考えました。悩んだ挙句たどり着いたのは、ふたたび独立することでした。

人から加工の仕事を請け負うのではなく、自分で自信のある商品を開発して売れば、前回と同じ轍を踏まずに済むはず――。

そう考えて、震災の2カ月後に田野井製作所を立ち上げたのです。

タップ・ダイスの専門メーカーとして創業

自社開発商品として選んだのはタップとダイスでした。

当時、タップやダイスはほぼ海外製品しかありませんでした。海外は人件費が高いうえに、輸入のコストもかかります。それでも海外製品に頼っていたのは、日本で海外製品に匹敵する品質のタップやダイスをつくるメーカーがなかったからです。丈之助は、かつて横須賀海軍工廠で働いていたとき海外のタップやダイスをマネてつくった経験があり、「自分ならできるはず」と狙いを定めたのです。

ただし、いきなり商品としてのタップやダイスを製造するのはハードルが高い。当初は研究を続けながら下請けの仕事で生活を支えていました。

失敗しても、もはや実家に頼ることはできません。近所からクレームが来る直前まで工場を稼働させ、お湯の代わりに水風呂に浸かるギリギリの生活をしながら事業を回していったそうです。

最初に商品としてタップとダイスを製造したのは創業4年目でした。受注生産ではなかったので、完成品をまず１００個を持って下谷や本所、深川、京橋の工具店に営業に行きました。しかし、初日は話さえ聞いてもらえなかったそうです。

初めて売れたのは東京中を回って3日目。麻布の佐瀬商品という工具商社に現物を見せたところ、「いくらか」と聞かれました。

当時、海外製品は1個3円でした。丈之助は海外製品の半値である1個1円50銭で売りたかったものの、まずは売れることが大切と考え、「1円でいいです」と返答。ところが店主は、

「1円は高い。これを持っていけ」

と1個50銭の小切手を書きました。1個50銭は原価割れです。しかし、初めて人に評価された喜びもあり、素直に小切手を受け取りました。

3カ月後、佐瀬商品から「500個欲しい。次からは1円でいい」と注文が入りました。実際に田野井製作所のタップ・ダイスを使った工場からの反応がよかったのでしょう。数量が増えただけでなく、単価も上げて買ってくれるようになりました。

「田野井製作所のタップ・ダイスは舶来品に劣らない。それでいて価格は半値以下だ」

そうした評判が立つようになり、他の商社からも注文が入り始めました。

TANOI創業者田野井丈之助と当時の田野井製作所

徐々に自転車操業の状態からも脱して、1929年には石川島造船所（現在のIHI）から直接注文が入りました。その代金は300円強。丈之助がそれまで100円札を見たことがなく、支払いを受けたときは「偽札じゃないか」と不安になり、近所の酒屋の主人に見せて本物かどうかを確認したとか。なんだかほほえましい話ですね。

戦争に翻弄された日本のものづくり

軌道に乗り始めた後は、景気回復の流れに乗って事業は急拡大していきます。背景には戦争がありました。満州事変が起きたのが1931年。軍需が旺盛になり、1935年に田野井製作所は海軍の指定工場なりました。

仕事はいよいよ忙しくなり、同じ年には約1000坪の土地を買い、工場を建てました。1937年には地続きに約2000坪の土地を購入。会社の運動場や従業員用の社宅も用意しました。

1939年には株式会社化します。このときに会社のロゴマークを制定しました。

田野井製作所の新旧ロゴマーク

・旧ロゴマーク

T＝田野井、D＝ダイス、T＝タップ。

Dの部分から伸びている三角形はねじを表し、角度の60度は、ねじの基本規格。創業者のねじにかける思いが伝わってくる。

・現在のロゴマーク

ロゴには「ＴＤＴ」とアルファベットが入っていますが、これは、「田野井」「ダイス」「タップ」の頭文字です。Ｄの部分から伸びている三角形はねじを表しています。三角形の角度が60度になっているのは、それがねじの基本規格だからです。現在は新しいデザインに変わりましたが、今も社内のところどころに旧ロゴマークが残っていて、それを見るとねじにかける丈之助の思いが伝わってきて、身が引き締まる思いがします。

会社の成長に伴い、丈之助自身も困窮を脱しました。１９４０年には伊藤博文の書斎部屋だった土地の一部を購入して、自宅の建設に着手します。ここには博文が朝鮮から持ち帰って植えたヒバがあったそうです。

しかし、太平洋戦争が始まると様相が変わります。軍関係以外には商品を卸すことができなくなり、工場は実質的に軍の指揮下に置かれます。工場は栃木県宇都宮の郊外に疎開になり、東京から移ってきた職人たちは次々に徴兵されていきました。

人や材料が不足しても、軍から割り当てられた仕事は完遂しなければなりません。そこでヤミでそれらを集めたところ、憲兵隊に知られて留置場にぶち込まれたこともあったそうです。理不尽な時代です。

軍の命令でふたたび疎開が決まり、1943年に埼玉県白岡に約3万坪の土地を購入して工場建設に着手しました。翌年に完成して操業を始めたのが、現在の埼玉工場です。

戦局はどんどん悪化して、1945年には終戦を迎えます。仕事がなくなった田野井製作所は実質的に一時解散しました。工員に手当てを出して帰郷させ、役員にもお金を出して退職してもらうことに。宇都宮工場は役員に売却しました。

残った工員と埼玉工場、東京工場で、翌年1月には操業を再開します。

しかし、終戦直後でタップやダイスの需要はありません。製品をつくっても工場の隅で在庫になるだけなので、埼玉工場の一部をデンプン工場へと変更。割り当てられたイモでイモセンベイをつくってヤミで販売して、なんとか工員の給料を払っていたそうです。

東京工場は米軍相手の家具を製造し始めました。しかし、1948年に火事で工場が半焼。大損害を被りました。

とにかくこの時期は生きるために何でもやりました。田野井製作所のみならず日本国中が戦争の爪痕に苦しみ、必死に生きていました。そうしてバトンをつないでくれたからこそ、今の私たちがあります。

トップメーカーとして君臨

終戦直後の混乱期を乗り切ると、田野井製作所は復興、高度経済成長という時代の波に乗っていきました。一時は国内のタップ・ダイスのシェアでトップになるほどでした。

そして、1962年、田野井製作所はさらに飛躍するきっかけをつかみます。三菱商事の紹介で、アメリカのベスリイ・ウェルス社と技術提携をしたのです。

ベスリイ・ウェルス社から技術供与を受けて、翌年には**日本初の「転造タップ」**（金属に硬い材質を押し当ててねじ山をつくる。切りくずが出ないタップ）を製造・販売

アメリカのベスリイ・ウェルス社との技術提携が後のヒット商品誕生につながる

します。その技術がベースとなり、押しこんだときの盛り上がりが滑らかでトラブルになりにくい**「タフレット」**の開発へとつながっていきます。

さらにその翌年には丈之助がベスリイ・ウェルス社に招かれ、イリノイ州にある工場を視察します。そこで驚いたのは生産性の違いです。ベスリイ・ウェルス社は田野井製作所より従業員数が少なかったのですが、機械設備が自動化されていて、田野井製作所の数倍のタップ・ダイスを製造していたのです。

「品質そのものは劣っているとは思わなかった。これからはアメリカ的工場管理方式をもっと勉強して、日本の実情に合わせて採用しなくてはいけない」

視察後、丈之助は自社の幹部にこう話したそうです。トップシェアのタップ・ダイスメーカーになりながらも、そのポジションに満足することなく、さらに世界を視野に入れて生産技術の向上に努める姿勢は、ぜひ見習わなくてはと感じています。

時代の変化についていけずに倒産寸前

1960年代、田野井製作所は世界を目指して輸出も始めていました。

しかし拡大したのはここまで。そこからは長い低迷期に入ります。

きっかけは二つあります。一つは、ご縁があった日本精工（丈之助の最初の転職先です）が赤羽製作所を畳むことになり、社員約50人を引き受けたことです。日本精工は現在世界第3位のベアリングメーカーで、社員はみなさん優秀です。まだ大卒者が少なかった時代に国立大や有名私立大を卒業した優秀な人たちが加わり、田野井製作所にとっては大きな戦力アップとなるはずでした。

しかし、よそから来た人たちがいきなり役職者になると、もとからいる社員はおもしろくありません。社内で軋轢が生まれて、むしろ組織力を削ぐ結果になってしまいました。

もう一つは丈之助の交通事故です。70歳のときに東京で車に轢かれて、1年半の長期入院をすることに。急遽、長男の一《はじめ》が社長になったのです。

丈之助には7人の子がいました。長男の一は真面目な性格で学者肌。大学を出た後は、すぐに会社に入らずに東北大の聴講生になったほど勉強が大好きでした。

ただ、病気がちだったこともあって、入社後は月に半分しか出勤しないこともありました。

残念ながら、代が替わって業績はみるみるうちに落ちていきました。

輪をかけたのが、東京オリンピック景気の反動で起きた1965年の「40年不況」です。田野井製作所の代理店が立て続けに10社倒産。その手当てで内部留保を吐き出しました。

そのころ起きていたのは、加工対象になる金属の硬化です。硬い材料を加工するには、タップ・ダイスも硬くしなければいけません。そのためには設備投資が必要でしたが、資金を取引先の倒産の対応に使ってしまったため、設備投資が思うようにできなかったのです。

一方、競合は時代の波をとらえて積極的に設備投資を行いました。その結果、田野井製作所の国内シェアは一桁にまで落ち込みました。当然、収支は万年赤字です。創業者の時代に築いた資産を切り売りしながら、なんとか会社を存続させている状況でした。

実は東京工場はこの時代に手放しています。とはいえ、埼玉工場だけでは注文をさばけません。そこで１９７３年、宮城県七ヶ宿《しちかしゅく》に工場を建てて、株式会社ミヤギタノイを設立しました。七ヶ宿はダム建設で複数の村がダム湖に沈み、過疎化が進む懸念がありました。このとき、自治体から企業誘致の話があり、それに乗ったわけです。

会社を分けたのは、当時は首都圏と宮城県で人件費や家賃、物価が異なり、首都圏より安価に製造できたからです。現在はかつてほど物価差がなくなりましたが、リスクヘッジの点で２拠点である意義は大きいと感じています。

付加価値路線にシフトして復活

傾いたＴＡＮＯＩを支えたのは、私の父である末弟の義政でした。

義政は長男の一と年齢が20歳離れています。兄弟とはいえ親子ほどの年齢が違い、考え方も大きく違いました。学者肌の一と比べると、義政は人間関係重視の親分肌といえばわかりやすいでしょうか。

まだ若く、バイタリティーにあふれた義政は、取引先の社長たちによくかわいがられたそうです。そのような人間関係の構築が実を結び、大型注文を取りつけるなど、着実に実績を積み重ね、１９７８年、役員に昇格します。一は年齢的に引退の時期が近づいていましたが、極端な世代交代は社内が動揺しかねないという判断で、日本精工からの入社組だった佐藤静夫に社長を一期２年間務めてもらい、１９８７年に義政が第４代の社長に就任しました。

社長になった義政がまず行ったのが、止まっていた設備投資です。社長になる直前、1985年のプラザ合意をきっかけに急速な円高が進みました。日本の工業製品は品質と低価格で優位に立っていましたが、円高で価格競争力を失い、輸出に頼れない状況になりました。そうした時代背景を受けて、義政は付加価値の高い製品の開発へと舵を切ることに。そのために必要な機械設備の導入を始めたのです。

とはいえ、低迷期でしたから内部留保はありません。義政はリスクを取って数十億円を銀行から借り入れました。けっして財務基盤が万全ではない会社に銀行が設備投資資金を貸してくれたのは、義政の熱意や交渉力があったからでしょう。

そうして完成したのが**「Tスパイラルタップ」**です。これは加工の際、切粉を進行方向とは逆方向に排出でき、詰まることがない画期的なものでした。

これがヒットして、徐々に売上を回復。90年代にはバブル崩壊がありましたが、その危機も乗り越えて、一時は売上25億円にまで成長します。義政は、まさにＴＡＮＯＩの中興の祖。経営改革を断行していなければ、シェアをさらに落としていたでしょう。

創業者が伝えた「ものづくりの醍醐味」

創業者の丈之助から先代の義政まで、ＴＡＮＯＩの歴史を振り返ってみました。

丈之助は私の祖父ですが、彼に関する記憶はほぼありません。私が生まれたときにはすでに第一線から退いており、うっすら覚えているのは、安楽椅子に毛布をかけてうつらうつらしている姿だけです。

丈之助の葬儀の様子は覚えています。丈之助は日本のものづくりへの貢献が認められて、勲五等双光旭日章を叙勲しています。葬儀もそれなりに立派なものにしなくてはならず、東京・芝にある増上寺で社葬を執り行いました。

それだけでは家族はゆっくりお別れができないので、身内だけで家族葬も行いました。そのとき来ていただいたお坊さんのお経が長かったのでしょう。義政は正座から立ち上がったときによろけて、祭壇に激突。足を骨折して、しばらく松葉杖生活をしていました。そのことは私の記憶に今でも鮮明に残っています（笑）。

TANOIを復活に導いた田野井義政とスパイラルタップ

祖父の記憶をたどろうとすると、どうしても慣れない松葉杖に苦労している父の姿が先にうかんできます。それほど私にとって家族としての祖父は遠い存在でした。

しかし、経営者としては別です。義政からは、事あるごとに丈之助の話を聞きました。とくに印象に残っているのは次の言葉です。

「製造業は、〝無〟から〝有〟を生み出す仕事だ。だから素晴らしい」

私は家業がものづくりだったものの、工場には深い縁がなく、最初はこの言葉の意味もよくわかりませんでした。

しかし、埼玉工場で働くようになり、ものづくりの奥深さ、そしておもしろさに触れ、丈之助が言いたかったことが自分なりに理解できるようになりました。

先代を通して伝わったこの言葉は、ＴＡＮＯＩの創業の精神として次の世代にも必ず伝えていかなければいけないと考えています。

第3章

おてんば娘が5代目社長になったワケ

小娘はいかにして社長になったのか

紆余曲折ありながらもものづくりのバトンをつないできたＴＡＮＯＩに、２００９年、新たな変化が起きました。当時主任だった私、田野井優美が突然、副社長に抜擢されたのです。

この抜擢に対して、社内からは、

「どうして小娘の言うことを聞かなきゃいけないんだ」

という声があがりました。

このとき、私は33歳です。入社して7年経っていたものの、それまでやっていたのは海外事業に関する事務で、ものづくりや営業の現場経験はないに等しい状態です。それがいきなりナンバーツーの役職につくのですから、社員の混乱も納得です。

私自身、戸惑いはありました。兄や弟たちからも4人きょうだいの中では自分が一番そうしたポジションに向いていると推薦されたものの、父は元気でピンピンしているし、まだ先の話だと思って何の準備もしていませんでした。社員が見抜いていたように、経営のことは何も知らない小娘だったのです。

しかし、父があのタイミングで私を次の後継者に指名したことには、何かしらの意味があるはずです。父は経営が傾いていたＴＡＮＯＩを立て直した立役者。その父が指名してくれたのですから、「私だってやればできるはず」という根拠のない自信もありました。

実際、そこから4年後には父に合格点をもらい、無事に社長に就任することができました。それ以降は先人が築いてきたものに自分なりの考えを加えて、ＴＡＮＯＩの強みをさらに磨くことができていると思います。

もちろん今に至るまでには、さまざまな壁がありました。

私自身の無知や経験不足、「小娘の言うことなんて聞けるか」という社員からの反発、「経営を任せて大丈夫なのか」という取引先や金融機関の不安――。

そういった壁を一つひとつ乗り越えて、「小娘」という評価から脱皮してきたのです

（単に「小娘」と呼ばれる年齢ではなくなったことも大きいですが（笑））。

この章では、経営に関してズブの素人だった私が、会社経営に真正面からぶつかって、ＴＡＮＯＩの歴史に新しい風を吹き込んでいった軌跡をご紹介します。

まだまだ発展途上な身でお恥ずかしいのですが、私のこれまでを公開することで、ＴＡＮＯＩもまだ道半ばであり、さらに成長できることをみなさんにも知っていただけると思います。

目立ちたがり屋で男勝り

我が家は大正時代から続くねじ加工工具工場——。

私がそれを知ったのは、実は小学校６年生のころでした。

４人きょうだいの第二子として私が生まれたのは１９７６年です。叔父が二代目社長を務めていた時期でした。ＴＡＮＯＩは経営不振に陥り、大田区京浜島にあった東京工場を売却。父は品川の本社に出勤していたものの、工場や事務所は遠い存在でした。田野井家が会社を経営していることはなんとなく聞かされていましたが、具体的に何をやっているのか理解していませんでした。

幼いころの私はなかなか活発な女の子だったようです。きょうだいの証言を紹介しましょう。

「小さいころから目立ちたがり屋で、人前に出ることが好きな妹でした。幼稚園はミッション系で、年長さんのイベントだった劇では主役のマリア役を自ら志願。残念ながら、乳歯から生え変わるタイミングだったので前歯がない、みっともないマリア様になったことを覚えています（笑）」（機械技術部課長　田野井利彰。長男）

「僕たち弟は双子。まるで母親代わりのようによく面倒を見てくれましたが、口より先に手が出るタイプで、僕らは生傷が絶えませんでした（笑）」（中部エリア次長　田野井通人。三男）

「男きょうだいの中で育ったせいか、男勝りな性格でしたね。遊ぶのもおままごとなど女の子の遊びではなく、男の子が好むドロケイや球遊び。僕たちとも取っ組み合いのけんかをして、よく泣かされていました」（製造部工場長　田野井伸嘉。次男）

目立ちたがりで男勝りなところは自覚がありました。幼稚園では自分が先頭に立ちたいタイプで、滑り台を真っ先に滑り降り、あとに他の子たちが続いていた記憶があります。

両親は比較的自由に育ててくれたと思います。小学生のとき私が捨て犬を拾ってきたことがありました。飼いたいと頼んでも母親はＮＧ。しかし帰宅した父に頼むと「ちゃんと世話するならいい」とオーケーが出ました。大人になってＴＡＮＯＩ入社後は叱られてばかりでしたが、子どものころは一人娘に甘い父親でした。

ちなみにこのときの犬について、弟はこう言っています。

「飼って3カ月過ぎたあたりから毎朝の散歩は、なぜか私たちの役目に。それから高

校を卒業するまでの7年間、毎朝散歩を欠かさず頑張った自分たちを褒めてやりたいです」（田野井伸嘉）

そういえばそうでした。この場を借りて弟たちには感謝したいと思います……。

そうやってのびのびと育った私は中学受験をして、中高一貫の女子校に入学しました。中学受験の面接では親の職業についての質問があります。それを事前に聞いていたので、このとき初めて「そういえばＴＡＮＯＩって何やってる会社なの？」と両親に尋ねたのです。

父はタップとダイスについて説明してくれました。ただ、小学生の頭ではよく理解できず、「とにかくねじに関係する工場」という程度の認識で終わっていました。それくらい私にとって家業は遠い世界のお話でした。

ヘリ操縦士に憧れてアメリカに⁉

高校を卒業後はカナダに行きました。最初はヘリコプターのインストラクター免許を取得するつもりでした。

小学生のころ、あるニュース番組に目が釘付けになりました。番組内に活躍する女性を取り上げるコーナーがあり、そこに登場したヘリの女性インストラクターが颯爽としていてかっこよかったのです。

その映像がずっと頭に残っていた私は、進路を決めるとき「アメリカでヘリの学校に入る」と宣言しました。

ところが、両親は猛反対です。「ヘリの事故確率は飛行機より高く、落ちたらまず助からない」「免許を取っても、民間の仕事は報道ヘリくらいでつぶしがきかない」と言い、取りつく島がありませんでした。

そこで妥協案として出した進路が海外留学です。ヘリのインストラクターのことを調べているうちに、私は海外生活そのものに興味を抱くようになっていました。両親はヘリ＝危険な乗り物という認識なので、ヘリの免許を諦めれば海外に行かせてくれるのではないかと考えたのです。

この案には逆に父が乗り気で、「これからの時代は英語が必要」とあっさりオーケーしてくれました。たまたま母の親戚がカナダにいたため、留学先はアメリカではなくカナダのバンクーバーになりました。そこで語学学校に通った後、ビジネススクールで勉強しました。向こうの生活が楽しくて、そのころにはヘリインストラクターへの思いはすっかり頭から消えていました。

義妹となる田野井詠美と知り合ったのも海外留学時代でした。

弟の伸嘉は1年遅れでユタに留学中で、現地在住の詠美と付き合っていました。二人でカナダに遊びに来たときに意気投合。その後、私はロサンゼルスに移りましたが、それを機に詠美もロスに住むことになりました。

弟たちは結婚前でしたが、私にとっては妹ができたようなもの。家族が一人増えて、海外生活がますます楽しくなりました。

詠美から見ても私のキャラクターは印象的だったようです。

「ロスでは同じ飲食店でバイトを始めました。義姉はすぐ看板娘になりました。明るくポジティブな性格で、年齢や性別、人種に関係なく誰にでもオープンなので、まわりにはいつもたくさんの人がいました。筋が通っていないことが嫌いで、店のオーナーと大喧嘩して辞めてしまったのですが、帰国前にもう一度きちんと話して仲直り。さっぱりした性格で、後を引かないとこも彼女の長所だと思います」（田野井詠美）

取引先倒産で気づいた家業のありがたさ

ヘリのインストラクターを諦めて以降は、とくに将来について具体的なプランを持っていませんでした。毎日が刺激的で、今を楽しむだけで精一杯。先のことを考える余裕などなかったというのが正直なところです。

しかし、1998年、否が応でも将来について考えざるを得ない出来事が起こります。日本の父から一本の国際電話があったのです。

「うちの大口の取引先が2社、倒産した。場合によっては留学費用を出せなくなるかもしれない。覚悟しておくように」

倒産した代理店は、本業以外にもいろいろな事業や投資に手を出していたそうです。倒産の直接的な理由は、拓銀や山一證券の破綻に象徴される金融危機で、財テクに失敗したことだったとか。

結果的には連鎖倒産の事態は免れ、私たちきょうだいは引き続き留学を許されました。このとき強く感じたのは、留学させてもらえるのはあたりまえではないということ。両親が日々頑張って働いているから、さらにいうとTANOIで働くみなさんがコツコツとタップやダイスをつくってくれているからこそ、私たちはアメリカで刺激的な体験をさせてもらえていたのです。

それまで家業について深く考えたことはありませんでした。しかし、自分たちの生活が脅かされてはじめて感謝の気持ちが湧いてきました。

「トイレ掃除でも何でもいいから会社で働かせてほしい」

その後しばらくして一時帰国した際、私は父に自然にこう伝えていました。いままで自分を育ててくれたTANOIに、どのような形でもいいから恩返しをしたい。それが偽らざる気持ちでした。

不正会計を指摘して社内の見る目が変わった

2002年、私はアメリカから帰国すると同時に田野井製作所に入社しました。伸嘉と詠美も含めて3人が同時帰国、同時入社です。

私はトイレ掃除でもかまわない覚悟でしたが、父は「曲がりなりにも海外で6年暮らしたんだ。アルファベットくらい読めるだろう」と東京本社の海外部に配属されました。

海外部はタップやダイスを輸出する部署です。私は直接営業することはありませんが、海外の代理店とのメール・FAXのやりとりや、注文を受けた商品の工場への発注、出荷する商品のインボイスの作成といった事務作業を担当しました。

ただ、当初は社内で浮いていたと思います。社長の娘は上司や同僚から見て扱いづらいのでしょう。面と向かって暴言を吐かれるようなことはありませんでしたが、距離感は感じていました。

たとえば私の机は、いちおう海外部にくっついているものの、みんなの島とは別の箇所に置かれました。表向きの理由は「島に空きがない」。いきなり事を荒立てるつもりはないので何も言いませんでしたが、釈然としないものを感じました。

最初は仕事も与えてもらえませんでした。何もしないで座っていると自然に眠くなってきます。しかしそこで居眠りすると「社長の娘は仕事をしない」と噂を立てられてしまう。ランチ後は睡魔と戦うのが日課でした。

風向きが変わったのは、マレーシアの現地法人がクローズすることになり、赴任していたベテランが帰国してからでしょうか。

私は周囲の反応にもめげず、「何か仕事ありませんか。雑用でも何でもやりますよ」

と積極的に声をかけていました。すると、帰国したばかりのベテラン社員が、「じゃこれやってよ」と海外取引の入金消込のチェックを任せてくれました。

喜び勇んでやってみたら、どうも数字が合いません。おかしいと思って台帳を引っ張り出してさらに調べると、海外部門が売上を二重計上していたことに気づきました。

当時、日本からの出荷はエアーや船で月1回でした。本来は出荷してから売上に計上するところですが、海外部門は国内に負けたくないという心理が働いたのか、出荷は確定しているもののまだ未出荷のものを売上に計上していました。

前倒しで計上したものを翌月に計上しなければ、トータルではつじつまが合います。しかし、海外部門は前倒し分も誤って翌月に計上していました。結果、入金されているのに帳簿上では未回収の売掛金が残ってしまっていたのです。

上場企業なら粉飾決算で刑事事件です。事の重大さに気づいて社長に報告したところ、あとは社長が引き継いで対応してくれました。

この件で、本社内では「親の金を使って海外で遊んできた道楽娘」という評価を少し変えることができたと思います。

まわりの私を見る目が変わった事件がもう一つあります。

当時、本社の経理に父方の親戚の女性がパートで働いていました。私の遠い親戚ではあるのですが、入社するまでお会いしたことはありませんでした。

その方は、定時の午後5時の1時間前になると机を片づけ始め、その後は何もせずに窓の外を見てぼんやりしていました。そして5時のチャイムが鳴ると同時にタイムカードを押して、ロッカールームに消え退社します。

もちろん定時で帰るのはかまいません。しかし、まわりが5時ギリギリまで頑張って仕事をしているのに、1時間近くも何もしないでいるのはいかがなものでしょうか。私は、とくに同じ田野井姓を名乗る人間にそういうことをしてほしくはありませんでした。

そこである日の帰り際、**「××さん、うそでもいいから仕事するふりをしませんか。まわりの人のやる気がなくなりますよ」**と声をかけました。

すると、その方は何か言い訳めいたことを言って帰ってしまった。結局しばらくして退職してしまいました。

その方は私以上に腫れ物扱いされていて、まわりは彼女に不満があっても何も言えませんでした。そこに私がズバッと切り込んだので、胸のすく思いがした社員は多かったようです。

この一件から、「誰に対しても態度が変わらない」「正しいと思ったら一直線」という私の性格が伝わり、それを好ましく思ってくれる人が少しずつ社内で増えてきたような気がします。

家族会議で後継者候補に決定

私と弟夫婦が入社してから2年後に兄が、そして立て続けにもう一人の弟がTANOIに入社しました。きょうだい揃い踏みです。

正確な日付は覚えていませんが、全員が揃ってTANOIの一員になって間もなくのこと。家族全員で食事をする機会があり、そこで父がこう切り出しました。

「TANOIの借金はうちの土地が担保になっていて、個人保証もついている。社員にそれを引き継がせるのは酷だ。この中の誰かに会社を継いでもらわないと会社は存続できない。4人の中で誰が向いていると思う?」

雑談の中で何気なく父が発した質問で、みんなお酒も入っていました。シリアスな雰囲気はまったくなく、だからこそみんな本音が出たのでしょう。母をはじめ、みんなが口々に

「そりゃ優美でしょ」

「この中で社長キャラは優美ちゃんしかいない」

と言いました。

「いや、私、女だよ。社長なんて無理無理」

そのときは何か答えを出す場ではなかったので、そう笑って答えて終わりました。

ただ、この雑談を機に私の中で何かが変わりました。いままで自分の頭の中に「経営」という言葉は一切ありませんでした。しかし、この日を境に田野井家の一員とし

て会社を率いることを意識するようになったのです。

すると自分がこれまで何も勉強してこなかったことが不安になってきます。私はあわてて本屋に直行。中小企業経営に関する指南書を何冊か買って読んだり、その後、いくつか経営のセミナーに通ったりもしました。

ただ、当時、私の肩書は主任であり、役員どころか管理職にもなっていません。このときセミナーで知り合った社長さんから、「何の権限もないのに経営のセミナーに通っても、学んだことを実践できないよ」とアドバイスをもらい、東京のコンサルティング会社が主催している後継者向けのセミナーに通い始めました。それが2008年の12月のことでした。

リーマンショックが副社長就任のきっかけに

年が明けてすぐ、お正月で家族が集まったときに、こんどはややシリアスに父がこう切り出しました。

「リーマンショックで会社の経営が一気に厳しくなった。新しい経営体制をつくらないと、この危機は乗り越えられない。役員を一新して、若手が活躍できる組織にする。手始めに、優美を取締役副社長にしたい」

前述の雑談からまだ数年しか経っておらず、後継者としての勉強もスタートしたばかり。不安は大きかったですが、もともと調子に乗りやすい性格なので、最後には**「はい、やらせてください」**と答えていました。

父の言う通り、TANOIの業績は急降下していました。リーマンショックで売上は8割減。2009年は、父が経営を立て直して以降では初となる赤字決算でした。ダメージは大きく、赤字は2011年まで3期続きました。瀕死の中小企業を救うべく政府は金融円滑化法を成立させましたが、あの法律がなければ確実に倒産していました。

私がきちんと経営を勉強していたら、「自分には立て直せない」と考えて役員を引き受けなかったでしょう。

しかし、幸か不幸か私は無知でした。

会社が厳しいことは知っていても、どこがどうダメなのかはまったくわかっていませんでした。だからこそシンプルに「為せば成る」の精神で安請け合いしました。本当に怖いもの知らずだったと思います。

「おはよう」を返してくれない社員たち

2009年6月の株主総会で私は正式に取締役副社長になりました。

それまで海外部の主任で事務仕事しかしたことがありませんでしたが、父からは「役員として製造、技術、営業、管理の4部門を統括しろ」と命じられました。実質、ほぼすべてです。

統括するといっても、どこから手をつけていいのかさっぱりわかりません。そこでまず各部門の社員の顔と名前を覚えるところから始めました。私は本社勤務で、管理部門と営業部門の一部の社員——約25人しか知りませんでした。

何をやるにしても、まずみんなとコミュニケーションしてお互いを理解し合うことが大切だと考えたのです。

実は当初の**社員の反応はいまいち**でした。

埼玉工場に行って私が「おはよう」と声をかけても、きちんと返してくれる人は半分いるかどうか。残りは、良くてペコリと頭を下げますが、悪ければ完全無視です。もっとも私への反発以上に、恥ずかしがり屋が多い印象でした。

ですが無視されると、私の負けん気に火がつきます（笑）。相手が元気よく挨拶を返すようになるまで、しつこく声かけしようと誓いました。

社員とコミュニケーションを深める道具として役に立ったのがいわゆる「**5S活動**」でした。5S活動は、「**整理・整頓・清掃・清潔・しつけ**」からなる、改善活動のこと。トヨタ自動車にその起源があると言われています。

ＴＡＮＯＩの５Ｓ活動は、毎日20分決められたところを掃除したり、整理・整頓したりして、**仕事をしやすくするための活動**が中心です。各部門の専門的な知識はないので私が現場に入ってても足手まといになるだけですが、５Ｓなら私もベテラン社員や若手社員に交じって一緒にできます。「今週は工場のこのライン」「次の週はこのライン」というように、１週間単位で各部門を回りました。

５Ｓ本来の目的は仕事をしやすくすることです。ただ、私の場合は**コミュニケーションも目的の一つ**でした。普通は「余計なおしゃべりはやめて集中して」と言うのかもしれませんが、私は「５Ｓ活動をしている間は手を動かすだけでなく、口も動かしてね」とおしゃべりを推奨しました。

「昨日、何食べたの？」

「あのテレビ、おもしろかったよね」

「へー、最近そんなのが流行ってるんだ」

そうしたたわいもない話をしながら、みんなの顔と名前、キャラクターを徐々に覚えていきました。

5S活動で社員が変わり始めた

皆と一緒に5S活動を始めてから約1年。かつてはこちらが声をかけても無言で通り過ぎていた社員がペコリと頭を下げるようになり、黙って頭を下げるだけだった社員が「おはようございます」と声を出すようになってきました。

ミヤギタノイの宮城工場は埼玉と様子が多少違いました。もともと礼儀正しい社員が多く、当初から私が声をかけると挨拶が返ってきました。ただ、保守的な土地柄なのか、表面的な挨拶にとどまり、打ち解けた雰囲気ではありませんでした。

空気が変わったのは、始めて2年ほど経ったころでしょうか。埼玉より時間はかかったものの、コミュニケーションを重ねることで何とかお互いに笑顔で冗談を言い合える関係になってきました。

社員の変化を見て、私の中にある思いが湧いてきました。

私が副社長になったのは、TANOIをつぶしてはいけない、次の世代に引き継がなければいけないという使命感からでした。どちらかといえば受け身であり、私自身に強い夢や目標があったわけではありません。

しかし、人とまともに目も合わせようとしなかった社員が明るく挨拶するようになった様子を見て、**「自分がやりたいのは人づくりだ」**と気づきました。

TANOIはメーカーですから、最重要のテーマはものづくりです。ただ、ものづくりを通して人づくりはできます。また、人づくりがうまくいけば自ずとものづくりもよくなるはずです。自分なりに経営の目的ができて、私はますます経営にのめりこんでいきました。

銀行のサポートで本社移転が実現

社員との距離感を縮めるのに大きく貢献してくれたのが本社の移転です。

本社事務所は、品川区でワンフロアを借りていました。私は5S活動で埼玉や宮城の工場によく足を運ぶようになったものの、活動が終われば本社に戻って他の仕事をします。幸い埼玉工場には事務所として使えるスペースがありました。

本社を埼玉に移せば、移動時間はなくなるし、何より製造や技術の社員と顔を合わせる時間が増えます。

ちなみに本社事務所の賃料は当時で70万円です。そのお金があれば社員を一人か二人雇えます。お金の使い方という観点でも、本社を埼玉に移すべきだと考えました。

ところが、父は猛反対でした。

「かつて東京工場を閉めたときは、『TANOIも落ちぶれた』と陰口をたたかれた。今本社を埼玉に移すと、都落ちと受け止められて悪い噂が立ちかねない。営業面を考えると、東京に本社事務所を置いたほうがいい」

たしかに父の考えにも一理あります。しかし、父が考えるデメリットより、私を含めて多くの社員が同じ場所で働くからこそ生まれる一体感のメリットのほうが大きいのではないか。そう考えて、本社移転を諦めきれずにいました。

援軍は思わぬところから現れました。銀行の営業部の部長さんです。

メインバンクの営業部長が交代になり、「娘さんが副社長になられたのでご挨拶に」とわが社にいらっしゃいました。通常は父と私が応対するのですが、このときは部長さんが「社長がいると言いたいことも言えないでしょうから、マンツーマンでお話したい」と気をきかせてくださいました。

ここぞとばかりに私は経営の悩みを打ち明けました。その中の一つとして本社移転の話をしたら、部長さんはこう言うのです。

「そういうときこそ我々を使ってください」

後日、部長さんは父と話して、本社移転のメリットを説いてくださいました。同じ内容でも、何の経験もない小娘と、さまざまな会社を見ていた銀行の部長さんとでは言葉の重みが違います。私が提案したときはすげなく却下だったのに、父は部長さんからの提案には理解を示して、本社移転があっさり決まりました。

「何を言うか」よりも「誰が言うか」が大事だと、このときおおいに学びました。

本社移転で唯一の不安は、東京本社に勤めていた人の通勤時間が伸びることでした。

遠くて通勤が困難な場合は家賃補助を出して近くに引っ越してもらおうと考えていました。しかし、結果的には十数人全員が辞めることなく埼玉工場に通勤することになり、本社移転による混乱は最小限で済みました。私も東京から引っ越して、工場近くのアパートに部屋を借りました。

赤字転落は株を集約させるチャンス⁉

経営基盤の強化にも取り組みました。

主任時代に焦って後継者向けのセミナーに通い始めたことはすでにお話しました。すぐに副社長への抜擢が決まったので、経営者を対象としたものに鞍替えしました。このときにコンサルタントとの面談があり、私が置かれた状況を説明すると、「決算書を見せてください」と言われました。それをご覧になると、

「今が事業承継する千載一遇のチャンス。すぐ動くといいですよ」

とアドバイスしてくれました。

会社のオーナーは株主です。非上場企業はたいてい創業者一族が株を多く持っていて、経営と所有が一体化しています。しかし、TANOIは創業者の時代に上場を目指していたこともあり、株が田野井家以外にも拡散。当時の株主名簿には200人以上の名前が載っていました。

父は株式の23％を持っている筆頭株主でした。ただ、たとえ筆頭株主でも、他の株主が結託すればオーナーの座が危うくなります。

中小企業のいいところは、経営者＝オーナーの意思がすぐ経営に反映されることです。重要な経営判断をするときにいちいち臨時株主総会を開かなければいけないとしたら、経営のスピードが鈍ってチャンスを逃しかねません。中小企業の強みを発揮するには、経営者に株を集めてオーナーシップを強化することが欠かせないのです。

経営者に株を集中させるメリットは勉強を始めていたので理解しました。しかし、なぜ今がチャンスなのかがよくわかりません。単刀直入に質問すると、

「今は赤字で株が安いからですよ」

と説明してくれました。

株には定価がなく、売り手と買い手の合意しだいで価格が変化しますが、業績や資産によってある程度の目安は算定できます。当時、TANOIは赤字転落の真っ最中で、試算通りなら株価は激安です。他の株主から株を買い取るチャンスです。

また、父に株を集めた後、次の代に交代するときには、株式の譲渡が行われます。このときの株価は相続税の額に影響します。会社が絶好調のときに後継者に株を譲渡すれば税金が高くなり、逆に赤字のときに譲渡すれば税金を抑えられる。コンサルタントの方はそこを見越して、「赤字のうちに動きなさい」とおっしゃったわけです。

アドバイスを受けて、すぐ他の株主に買い取りの通知を出しました。買い取り価格は安かったのですが、リーマンショック直後でTANOIのみならず、世の中全体が不安に包まれていた時期でした。ある程度の株主が応じてくださり、父が約半数の株を持つことになりました。

株の集約は、2011年の東日本大震災でさらに加速しました。わが社は3期連続で赤字です。このまま株を持っていても紙くずになるだけだと判断したのか、ほとんどの株主が買い取りに応じてくださり、持ち株比率は、何があっても支配権がひっくり返らない66・7％以上になりました。

その後も買い取りの通知を出し続けた結果、**持ち株比率は100％**になりました。

一般的に、経営と所有を分離するのはコーポレートガバナンス、つまり株主が監視することでおかしな経営をさせないためだとされています。経営と所有が同一だと、監視者がいなくなるぶん経営者の責任は重大です。

しかし、課題を多く抱えた中小企業にとっては、経営と所有が一致して経営の自由度が高まるメリットの方が大きい。実際、私がその後さまざまな改革に着手できたのも、安定的な経営基盤があったからだと思います。

母の死を経験して人生観が変わった

2011年は忘れられない1年になりました。

がんを患った母に転移が見つかり、余命いくばくもないと宣告されたのです。

母は私にとってかけがえのない存在でした。後継者について話した前述の家族会議でも、「社長に向いてるのは優美ちゃんじゃない？」と真っ先に言ってくれたのも母でした。

その母がこの世からいなくなる現実を私は受け止めきれませんでした。会社ではさまざまな改革に取り組み始めたところでしたが、正直、どちらの時間を優先すべきか、とても悩みました。

そのときに発生したのが東日本大震災でした（震災の直後の動きは後述します）。社員は全員無事でした。ただ、前年に入社した新入社員のお母様が津波の被害に遭って、行方不明になってしまいました。

残念ながらお母様は今も見つかっていません。しかし、彼はどこかでその現実を受け止めて黙々と働いていました。その姿を見て、私は自分が恥ずかしくなりました。

彼はお別れをいう間もなく大切な人を一瞬で奪われました。一方、私はまだ母と過ごせる心の準備期間がありました。とても恵まれているのに、まるで自分だけが悲劇のヒロインになった気でいたのです。

母は翌年、61歳の若さで亡くなりました。世の中でこれほど悲しいことがあるのかというくらいに泣きました。母を失った喪失感は、やはり軽くありませんでした。ただ一方で、いつまでも泣いていてはいけない、母のためにも前を向いて歩いていこうという気持ちも強く、仕事にも早く復帰できました。

自然にそのように思えたのは、新入社員がひたむきに働く姿を見ていたからです。生きていれば悲しい出来事に出くわすこともあるでしょう。それは避けられません。しかし、起きたことをどのようにとらえるのかは自分しだい。彼はけっして運命のせいにせず歩み続けました。私もそうありたかったのです。

一連の出来事を経験して以降、考え方が大きく変わりました。ツイていないことが起きても、それについてクヨクヨすることはありません。過去は変えられないのだから、起きたことを踏まえてこれからどうするかを考える。そうシフトするように変わりました。直近では新型コロナウイルスの感染拡大という地球規模の困難が降りかかり、わが社も大きなダメージを受けました。おそらくかつての私なら運命を呪い、右往左往していたはずです。しかし、「起こることは一つ。それは考え方しだい」と考え方が変わったことで、危機を冷静に分析して、今やるべきことは何なのかということに集中できました。

こうした建設的な考え方が身についた私を、母は天国から見ているはずです。そして、「ほら、やっぱり優美ちゃんは社長向きだった」とほほ笑んでくれているのかな、と思ったりします。

クビ寸前から5代目社長に就任！

2013年、私は代表取締役社長に就任しました。

このタイミングでの社長就任にはいくつかの理由がありました。

まず一つは、キリがいいこと（笑）。2013年は創業90周年に当たる年で、新体制に移すのにちょうどいいと父は考えたのでしょう。

父のモットー「社長は元気でいること」も関係しています。当時、父は65歳で健康そのもの。後がつかえている大企業ならともかく、中小企業のオーナー社長が引退するのには少し早い年齢です。実際、それから10年経った現在も父はピンピンしています。

しかし、父の頭には事故に遭って急遽社長を交代した祖父の記憶があったのでしょう。普段から「社長はケガや病気をしないことが中小企業にとっては何よりも大事」と言っていて、自分が元気なうちに事業承継を進めようと考えていたそうです。

そして最大の理由は、私が少しは育ったと思ってくれたからでしょう。

副社長になった当初、私は父に叱られてばかりいました。冷静に振り返ると、叱られるのは私に至らない点があったからです。しかし、私は思ったことをすぐ口に出してしまう性格。父の叱責にも反撃することも多く、しょっちゅう喧嘩していました。

「おまえなんてクビだ。明日から来なくていい！」

父からそう言われたことが何度あったことか。まわりは冷や冷やして見ていたと思います。

幸い父も私も気持ちを引きずらないタイプ。クビと言われても翌朝はケロッとして会社に行き、父も何事もなかったかのように普通に接していました。

副社長になって4年。そうした親子喧嘩が少しずつ減っていき、私が先頭に立って取り組んだ5S活動などの成果が出てきました。

父から見ればまだ半人前だったかもしれません。ただ、2012年にはようやく黒字転換して、半人前が会社の舵を取っても何とかやっていける状況になっていました。そうしたもろもろの条件が重なって、父は会長に退き、私にバトンを渡すつもりになったようです。

もっとも、父は完全に経営から離れたわけではありません。半人前の私が間違えたときにはきちんとブレーキをかけられるように、会長になった後もしばらくは代表権を持っていました。

父が代表権を返上したのは2020年です。社長を交代して以降は基本的に任せてくれましたが、代表取締役が私一人になった2020年が本当の意味での代替わりでした。

実際にはそうやってしばらくは父が後ろに控えてくれていたわけですが、社長が一

創業90周年のタイミングで5代目社長に就任

番の責任を負わなければいけないことには変わりありません。気が引き締まる思いで5代目社長になったことを覚えています。

第4章

TANOIの工場が進化した理由

工場改革は「5S活動」から始まった

TANOIの埼玉工場は築50年と46年です。そのわりにきれいで働きやすそうに見えるのはなぜか。前述したように5S活動を毎日欠かさず行っているからです。

TANOIは5Sをすべての業務の基本として位置づけています。目的は**「形を揃えて心を合わせる」**こと。5Sを通じて働く人たちの心を通わせ、仕事のやり方や価値観を揃えていくのです。

具体的には、5Sのうちの整理・整頓・清潔が中心になります。それぞれ簡単に説明しましょう。

整理とは、いるものといらないものを明確にして、いるものを必要最小限度まで絞り込み、それ以外は捨てることを指します。

埼玉工場には、完成品を梱包して発送するための作業スペースがあります。かつて

「整理」でいるもの、いらないものを明確にして、いらないものは捨てる

・Before

・After !

そのスペースは真っ暗で、昼でも電気をつけないと作業ができませんでした。大きな棚が窓をふさいでいて日光が入らなかったからです。

棚に必要な物が置いてあるのなら仕方がありません。しかし、実際に置いてあるのは使わない物ばかり。5Sを始めて思い切って棚ごと処分したところ、広々とした空間が広がって作業しやすくなり、陽も差し込んで明るくなりました。

社員は悪気があっていらない物や使わない物をため込んでいるわけではありません。むしろ「もったいない」「いつか役立つのではないか」と善意の気持ちで物を取っておきます。

営業所でこんなケースがありました。当時2人しかいない営業所に、消しゴムが1ダース12個も置いてあったのです。

後述するようにTANOIはペーパーレス化を進めていて、消しゴムを使う機会は減っています。それなのに一人あたり6個も消しゴムを用意しているのは、どう考えてもやりすぎです。

話を聞くと理由がわかりました。消しゴムは1個100円。しかし、1ダースで買

う と1個あたり80円で、20円安くなります。社員は経費を抑えるつもりで消しゴムを大量に買っていたわけです。

ただ、この考え方には「在庫は経営を圧迫する」という事実が考慮されていません。消しゴムを1人1個使うとしても、必要な数は2個。つまり200円で仕事ができます。一方、1ダース買えば1個80円×12個で960円。差額の760円分は、ずっと仕事に使われずに寝たままです。

社員にそのことを説明してもピンと来ていない様子でした。

「じゃあお給料を増やすときは、その分を消しゴムで払ってもいい？（笑）」

そこでこのように説明したら、即座に「現金でお願いします」と返ってきました。自分の生活に置き換えてみて、物を寝かしておくムダにやっと気づいたようです。5Sで行う整理は、そうしたムダに気づく絶好の機会になります。

整頓は、物の置き場を「常時」「随時」「一時」で決め、名前を表示したり数字をつけて管理することを言います。

たとえば工具を一時的に使ったら、きちんと常時の置き場に戻しておく。これを徹底することで、物を探す時間を減らして生産性を高められます。

物を置くときは向きも揃えます。ピシッと揃っていると気持ちがいいですが、もちろん気持ちの問題だけではありません。揃っていれば取りやすいし、紛失や故障など何か異常があればすぐわかります。

清潔は、仕事がしやすいようにピカピカに磨き込むことを言います。具体的には、朝礼終了後、計画を立てた場所（トイレ、床、機械など）を20分間、きれいに磨きます。やるのは毎日、必ず、全員。これは例外なしです。

昔は工場の床が油でベトベトでした。掃除は随時していたので滑って転ぶレベルではありませんが、歩くと足が床にくっつくような感覚がありました。しかし、今は他の場所と変わらない感覚で歩けます。「清潔」を毎日行っている成果です。

「整頓」で物の置き場を決める

・Before

・After！

「清潔」で仕事がしやすいようピカピカに

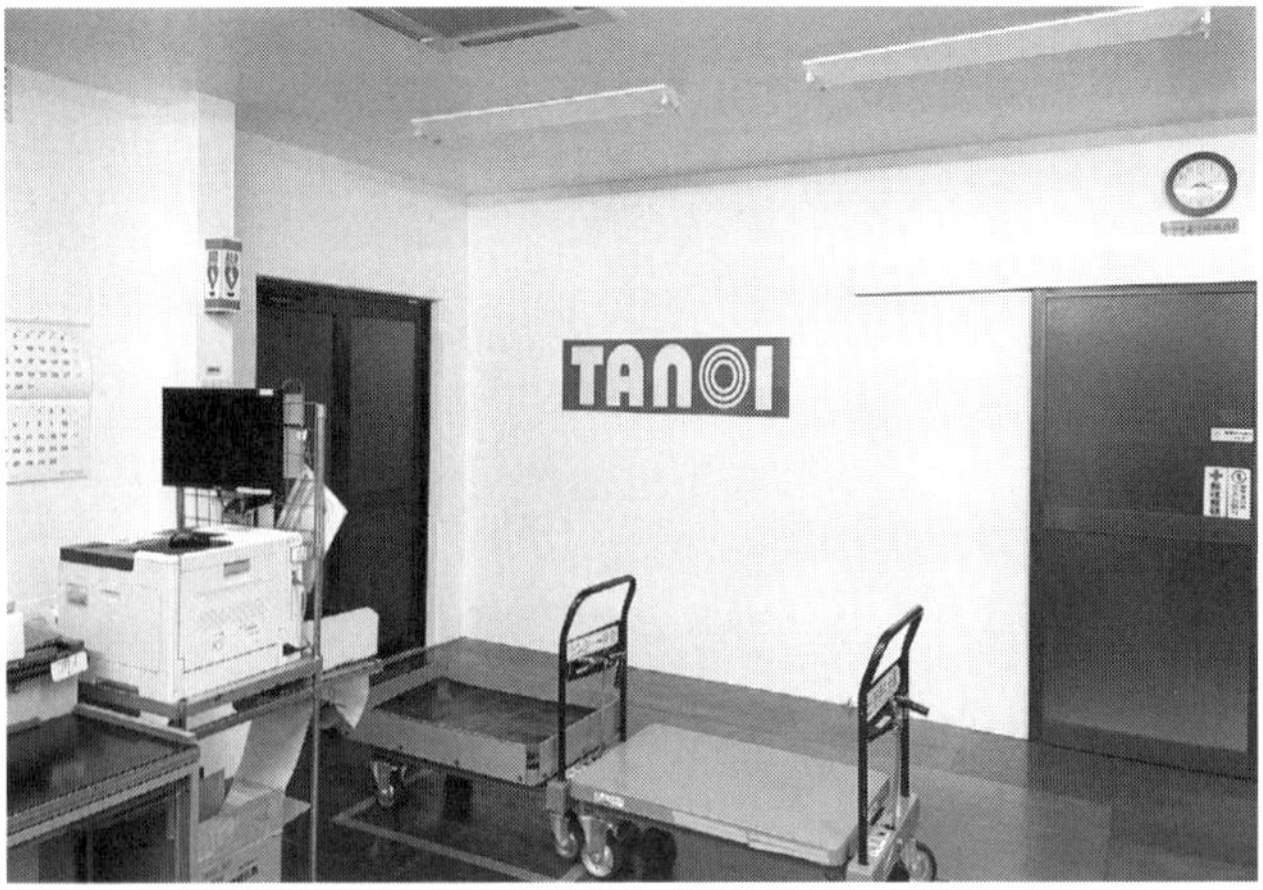

社員が5S活動に前向きなワケ

どれほど素晴らしい活動も、やりっぱなしでは効果が出にくいものです。やったことに満足するのではなく、現時点では理想の状態にどれだけ足りてないのか。また前回よりどれだけ向上しているのか。それらを明らかにすることでレベルアップして、効果が最大化します。

たとえば勉強がそうでしょう。毎日ドリルをやるだけでなく、定期的にテストを受けて現在地を確認するからこそ、今後どこを重点的に勉強すべきかがわかったり、成長した自分を実感してモチベーションが高まったりするわけです。

5S活動でテストの役目を果たしているのが、**毎月行われる点検**です。

点検は、あらかじめ決まった日に工場や営業所を回って、5Sがきちんと行われているかどうかをチェックします。チェックをするのは私と幹部（課長以上）、それと埼玉工場なら田野井製作所の社員が一人、宮城工場ならミヤギタノイの社員が一人同行します。社員数が少ない営業所2カ所（名古屋、広島）については、私が単独で点検に行っています。

点検では、項目ごとに点数をつけていきます。満点は120点。3カ月の合計点数が350点以上になると、その部署には食事券がプレゼントされます。また、点数が高かった年間優秀部署上位3部署は年度のはじめに表彰されて賞金をもらえます。

実は当初、5Sは社員に不評でした。活動をやれば仕事がやりやすくなって効率が上がるのですが、その効果を実感できるまでは、「毎日やるのは面倒くさい」「工具はそのへんに置いておいたほうが楽」という気持ちが勝ってしまう。点検も、「明日社長が来るから仕方なく片づける」といった社員がほとんどでした。

当時工場長だった海藤正彦はこう証言しています。

「社長が点検にやってくると、次々に改善すべき点を指摘される。最初のころは『鬼が来た！』と思っていました（笑）」

社長による月１回の点検が５S定着のコツ

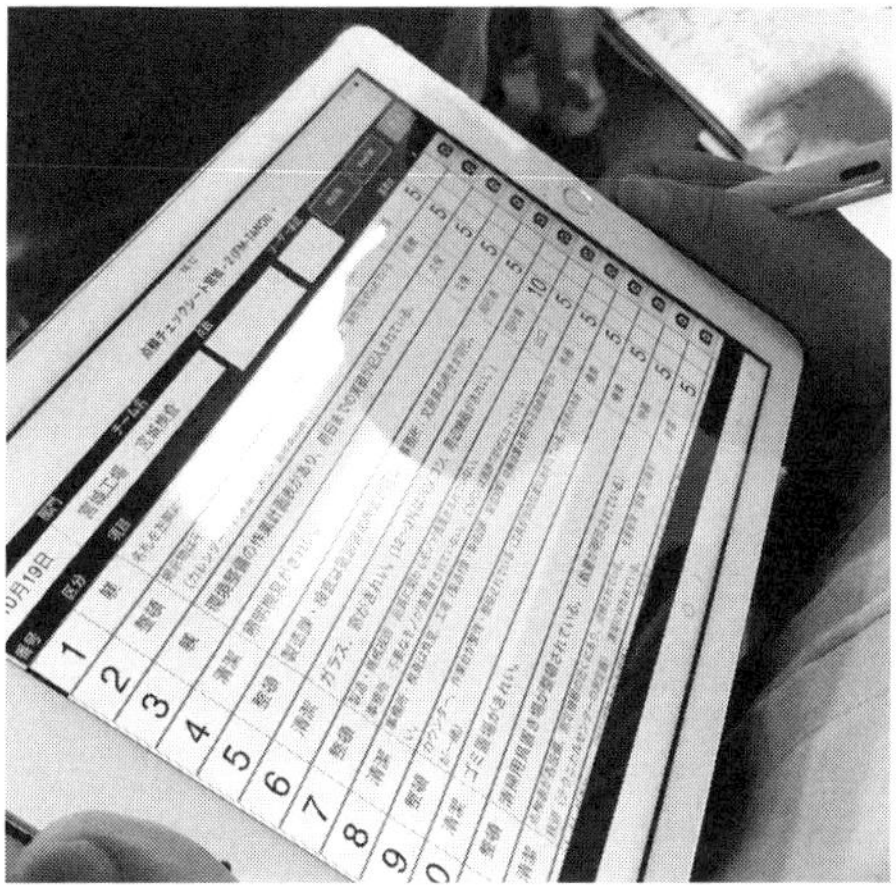

しかし、鬼と思われつつも粘り強く続けると、社員もしだいに効果を実感するようになってきます。

「昔は工場見学があると、急いで掃除をしたり、整理しきれない物をいったん隠すなどして大騒ぎでした。しかし、今は普段から意識しているので、工場見学があってもとくに何もしなくていい。いつでも見に来てくださいという気持ちで、ドンと構えていられます」（海藤正彦）

工場長にとって工場は自分の分身のようなものです。工場がピカピカになる5Sに前向きなのはある意味であたりまえかもしれません。

うれしいのは一般社員も今では5Sに積極的なことです。

点検は工場内の部署を半日かけて順に回って行います。社員が仕方なく行っているなら、とりあえず自分の部署の5Sをして終わりでしょう。しかし先日の点検では、ある部署の社員が先に点検を受けている部署を偵察。月によって重点的にチェックする部分が変わるのですが、それを確認して自分の部署に帰り、私が点検に行く直前まで整理・整頓・清潔を実行していました。

当初は抵抗が大きかった5Sをごく自然にやるようになっただけでもたいしたものですが、最近は「点数をつけられる」という受け身の姿勢から、「高得点を取りにいく」という攻めの姿勢へと変わりつつあります。この調子で、さらに進化を続けていきたいものです。

業務改善は「1秒1円」でお金に換算

実際、TANOIの工場は進化を続けています。仕事をよりやりやすくする、さまざまな改善提案が現場から上がってくるようになったのです。

改善提案の仕組みは二つあります。

一つは**「ビフォーアフターシート」**。たとえば「段取りをこう変えたら、作業がこれだけ短縮できました」といったように改善事例を点検のときに報告してもらいます。改善効果は1秒1円でお金に落とし込みます。たとえば作業が3分短くなるなら180円のコストダウンです。

そうやって効果を定量化したうえで、点検メンバーの投票で点検の点数に5点が加算されます。

一方、どのような改善をするのか事前に仮説を立て、それを検証して報告するのが**「改善提案書」**です。こちらも1秒1円で効果を測ります。ビフォーアフターシートと違うのは、削減効果の5％を報奨金として提案者に還元すること。たとえば月10万円分の削減効果があれば、月5000円の報奨金が出ます。

社員はお金で直接的に報われる改善提案書を積極的に出しそうですが、実は改善提案書は少なめ。事前に仮説を立てて計画しなければいけない点が難しいようで、事後的に報告すればいいビフォーアフターシートのほうが現状では数が上回っています。いずれは社員が仮説検証のスキルを身につけて、改善提案書をどんどん書いてくれるといいなと思っています。

ビフォーアフターシートは改善の仕組み

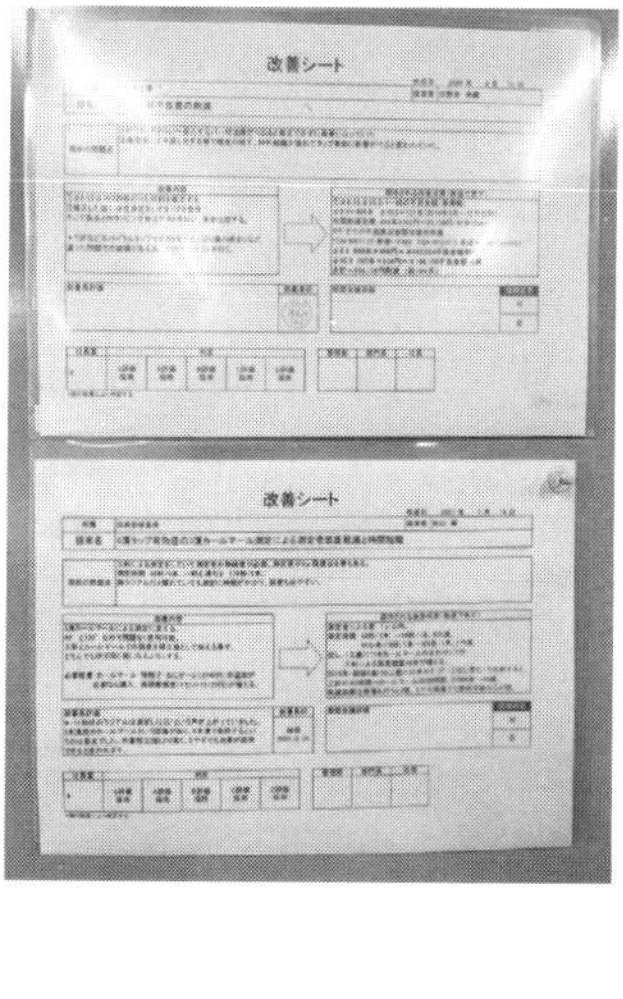

ビフォーアフターシートや改善提案書で報告される改善事例の一つひとつは、小さなものです。

たとえば最近は、工場の屋外にある水道の蛇口につけるホースのアタッチメントを取り替えました。以前のものはねじで3カ所止める必要があり、ねじが緩むとそこから水漏れするケースがありました。そこでねじ止めがいらないアタッチメントに取り替えたところ、水漏れが防止できただけでなく使い勝手もよくなりました。

クリアファイルの貼り方を変えたのも、ナイスアイデアだと思いました。

工場の機械技術部の壁には、他の部署から機械修理や治具（補助工具のこと）制作の依頼書を入れておくクリアファイルがマグネットで貼ってあります。以前は依頼書を入れ替えるたびにクリアファイルを取り、中身を入れ替えた後にまた四隅をマグネットで止めていました。その手間を省くため、クリアファイルは固定で貼っておき、クリアファイルの表側をめくって紙を挟む形に。簡単に中身を入れ替えられるようになりました。

こうした改善事例は、**業務システムの共有フォルダに入れて全社員で共有**します。以前は埼玉の社員を宮城の点検に、逆に宮城の社員を埼玉の点検に連れていくなどして改善事例の共有を図っていましたが、同行できる人数が限られるためなかなか横展開が進みませんでした。ITを活用することで成功事例の共有が進んでいます。

点検で社員の異常に気づく

点検の目的は、レベルアップのためだけではありません。普段は埼玉のオフィスにいる私にとって、**点検は社員とコミュニケーションを取る貴重な機会**でもあります。

入社3年目、中部エリア配属の遠藤将太はこう話しています。

「もともとフレンドリーな会社という印象があって入社を決めたのですが、実際、そのとおりでした。中部エリアにいる私は普段、社長と会う機会がありません。しかし毎月必ず5Sの点検で名古屋に来て、5S以外の話もしてくれます。実は私は人より太り気味。それを心配して、『健康は大丈夫？』と声をかけてもらえるのがありがたいです」

埼玉、宮城、そして営業拠点がある名古屋、広島と回ると、それだけで三日かかります。社長業はやるべきことがたくさんあるので、点検に毎月三日間を使う必要はないのではないかという人もいます。

しかし、私自身は忙しいからこそ点検があってよかったと思っています。点検日が決まっていなければ、忙しさを言い訳にして各拠点にいくことをサボってしまう気がするのです。

実は父がそうでした。父は社員と車座になってお酒を飲むことが好きでしたが、決まったスケジュール通りに行っていたわけではありません。トップに話したいことがある社員は、いつやってくるのかと気をやきもきさせていたでしょう。

点検日があらかじめ決まっていれば、私も社員もそのときに確実にコミュニケーションが取れます。

また、毎月行くことで**ちょっとした変化にも気づきやすくなります**。

たとえば元気のレベルがいつも10の社員が、9の元気になっていたとしましょう。9でも他の社員に比べたら元気なので、普通なら問題だと思わないかもしれません。しかし毎月定点観測していると、絶対値ではなく変化に気づきます。

「○○さん、元気なさそうに見えるけど、ひょっとして何か悩みごとある？」

そう声をかけることで、大きな問題に発展する前に対応できるのです。

被災した社員たちが自主的に工場へ

5S活動を続けることで、TANOIの工場はピカピカになり、作業効率は改善し続けています。また、私と社員のコミュニケーションも年々深まっています。

それらに加えて私が強く効果を感じているのが**組織力の向上**です。5Sは一人だけが頑張っても高い点数が取れません。必然的に同じ職場で働く仲間に視線がいき、チームで何かを成し遂げようという空気が醸成されていきます。

私が最初にその兆しを感じたのは、東日本大震災のときでした。

3・11の当日、私は父と宮城工場にいました。金融機関の方に工場を案内するためです。地震が発生したのは、案内が終わって事務所でコーヒーを淹れている最中。生まれて初めて経験した大きな揺れで、工場の中は棚が倒れたりして大変なことに。みんなも慌てて外に出てきました。雪がちらつく中で点呼を取ると全員が揃っていて、ホッと胸を撫でおろしたことを覚えています。

宮城工場で人的被害がないことは確認できましたが、震災の全容がわからず、他の拠点の様子も気になります。お客様もいらっしゃるので、私と父、お客様の6人は車で東京へ。いつもなら4～5時間の距離ですが、16時間かけて戻りました。

埼玉工場はほぼ無傷でした。しかし、宮城工場はそうはいきませんでした。物は散乱していて足の踏み場もないほどです。停電も続いていて、この先、再稼働できるのかどうか、社員は不安だったと思います。

実際、電気がこないと工場は動けないので、社員は自宅待機にしました。それぞれの自宅も被害に遭っているので、まずはその片付けをしてもらうことにしました。

数日後、自主的に出勤する社員がぽつりぽつりと出始めました。工場の再開に備えて片づけをしたいというのです。

宮城工場からその報告を受けて、私は胸がいっぱいになりました。

自分たちも被災して生きるのに精いっぱいのときに、会社や同僚のことを考えて、できる範囲のことをやってくれるなんて……。

このときは「組織力」という言葉は思い浮かびませんでした。しかし、後から振り返ると、一人ひとりが全体への貢献を考えて動くのは組織力そのものです。当時は５Ｓ活動を始めて半年。まだきちんと定着する前でしたが、自主的に片づけを始めた社員の姿を見て、このまま続けていけば組織が強くなると確信しました。

それからさらに10数年が経ち、ＴＡＮＯＩの組織力は着実に強化されています。組織力は工場のように目に見えるものではないのでわかりづらいですが、ＴＡＮＯＩは工場だけでなく組織もピカピカだと自負しています。

品質向上への挑戦は終わらない

取引先のあるマレーシアを訪問して印象に残ったことがあります。

最初に訪問したのは海外部の主任だった18年前。マレーシアは東南アジアでは珍しく国産自動車メーカーが強い国で、当時見かけたのも国産車ばかりでした。

次に訪れたのは副社長になった後で、13年前です。初回に行ったときと様子が違って、国産車に負けないくらい日本車を見かけました。一方、韓国車やアメリカ車はチラっと見かける程度。日本車が世界で存在感を示しているのを見てうれしくなりました。

では、なぜ日本車がマレーシアで売れているのか。現地の方に聞いたところ、こう返ってきました。

「同じアジアで、日本車は他と比べて価格は高いが、壊れにくくて長持ちする。下取り価格も高いから、結局、日本車のほうがトータルで安上がりになる」

それを聞いてさらにうれしくなりました。壊れにくい要因はいろいろありますが、ねじの精度も貢献していると思ったからです。

日本のタップの設計図を見ると、多くの場合、公差（最大と最小の差。この値が小さいほど精度が高い）は10～20ミクロンです。大人の髪の毛が50～１００ミクロンと言われているので、同じ規格のねじを並べたときに髪の毛の5分の1程度のばらつきまでしか許されない計算になります。

それに対して、海外のねじは公差を大きく取っています。公差が大きいと雄ねじと雌ねじのあいだに隙間ができて、それがもとで故障が起きることもあります。

マレーシアの道を颯爽と走る日本車を見ても、ねじは直接見えません。しかし、あの車体の中にはＴＡＮＯＩのタップやダイスでつくった精度の高いねじが使われている。そう想像して、誇らしい気持ちで帰国しました。

日本のものづくりにとって、品質は生命線です。

ＴＡＮＯＩのお客様は品質にこだわっていらっしゃいますし、当然、お客様に工具を提供する私たちも品質向上に力を入れています。

私の代になってからは、**品質に関する点検**も始めました。品質点検は、同じ埼玉にある会社へ見学に行ったとき初めて知りました。この会社の従業員には外国から来た技能実習生もいて、誰でも同じ品質で仕事ができるようにマニュアルを整備して、その通りに仕事ができているかどうかをチェックしていました。

これはぜひ取り入れたいと考えて持ち帰ったものの、TANOIはそもそもマニュアル通りにやれているかどうか以前に不良品の発生が目立ち、その減少を優先課題とすべきだという声があがりました。そこで不良品対策としてアレンジした形で品質点検を始めました。

なぜ不良品がよく出ていたのか。不良品が発生すると、その部署で原因を究明して再発防止策をまとめます。これは以前からやっていたことです。問題は、再発防止策の検証がされていなかったこと。再発防止策は手順書に落とし込むのですが、手順書の作成はPDCAサイクルのP（プラン）でしかありません。その後、実行されたかのチェックや、その再発防止策が有効でなかったときの改善は現場任せで、徹底されていなかったのです。

品質点検で不良品対策

品質改善のPDCAを回すのが品質点検です。月に1回、私と工場幹部、品質管理課のメンバーが現場に行き、再発防止策が本当に実行されているのかどうかを確認します。

再発防止策が現場で共有されているかどうかも点検対象です。たとえば再発防止策として、間違えやすい箇所について、写真で図示して「ここに注意」と書いた紙を工場の壁に貼ったとしましょう。書いた本人はそれで再発防止は済んだと考えているかもしれません。しかしその作業にかかわる人が注意書きを理解していなければまた同じ不良が起きる可能性があります。そこで、

「この写真、解像度が低くてわかりにくい」

「『ここに注意』って書いてあるけど、ここってどこ?」

というようにツッコミを入れて再発防止策の共有を進めます。

不良品撲滅活動を始めたら不良品が増えた!?

実は品質点検を始めた当初は、不良品の数が急増しました。

もちろんこれには裏があります。かつてＴＡＮＯＩでは不良品が3割以上発生した場合のみを「不良」としていました。段取りを決めるときには設計図どおりの寸法が一発で出ないこともあります。それは料理で言えば味見のようなもので、失敗ではありません。ですから3割未満は不良にカウントせず、再発防止策も不要としていました。

しかし、3割未満でもミスで不良が発生しているケースもあります。そこで品質点検を始めるにあたって不良品1本からカウントして、段取りで必然的に発生するもの以外は対策を講じることにしました。要するに、可視化の方法を変えたのでこれまで統計に入れていなかったものも不良扱いになり、一気に数が増えたのです。

不良品をより実態に即して可視化して、再発防止策をチェックすることによって、その後は不良品が減っています。

とくに顕著だったのは、全数不良の減少です。機械の不具合で不良が発生したときは、たいてい社員が途中でおかしいと気づいて機械を止めます。一方、全数不良は「間違った数字を入力して、そのまま正しいと思い込んで最後までつくった」「ちゃんと見ていなくて、最後までつくってから気づいた」というように、人為的なうっかりミスが多い。

人間はついうっかりをする生き物です。重要なのは、機械を操作する人がうっかりしていてもミスが起きない仕組みをつくれるかどうか。品質点検によってその仕組み化が進んだことになり、全数不良が減りました。

品質点検の他にも不良品を減らす仕組みがあります。

一つは**情報共有会**です。これは品質管理と製造のメンバーが行っている活動で、月に1回、埼玉と宮城、そして部署の垣根を超えて不良について意見交換します。

埼玉と宮城では製造する商品が異なりますが、共通する工程やよく似た工程もあります。そこで「そっちではどんな対策をしていますか」「うちの部署ではこれで不良を減らしました」と情報交換するわけです。品質点検で部署内の情報共有をチェックしますが、情報共有会はその枠組みを超えて再発防止策を横展開する仕組みだと考えて

品質管理と製造メンバーによる情報共有会は不良を減らす仕組み

もらえばと思います。

もう一つ、心理的に大きな効果があるのが、**不良になった金額の手書き**です。不良が発生すると、社員は不良報告書を書いて報告します。報告書はＰＣで作成しますが、金額のところだけは入力ではなく、直接手書きしてもらいます。

不良を出したからと言って社員に弁償させることは絶対にありません。そんなことをしたら隠ぺいが起きて再発防止の機会を失います。ただ、不良が起きると会社にどれだけ損害が出るかは知っておいてほしい。

「自分の手順通りにやらなかったせいで、売上30万円が飛んだ……」

自分の手で金額を書けば、否が応でも事の重大さに気づくでしょう。それが再発防止につながればいいと考えています。

これらの仕組みで、現在は**不良品率が当初より20％減**になりました。これらの数字はまだ下げられるはず。今後も品質点検などの仕組みを通じて、さらに品質向上に努めたいと思います。

金額を手書きするだけで再発防止に

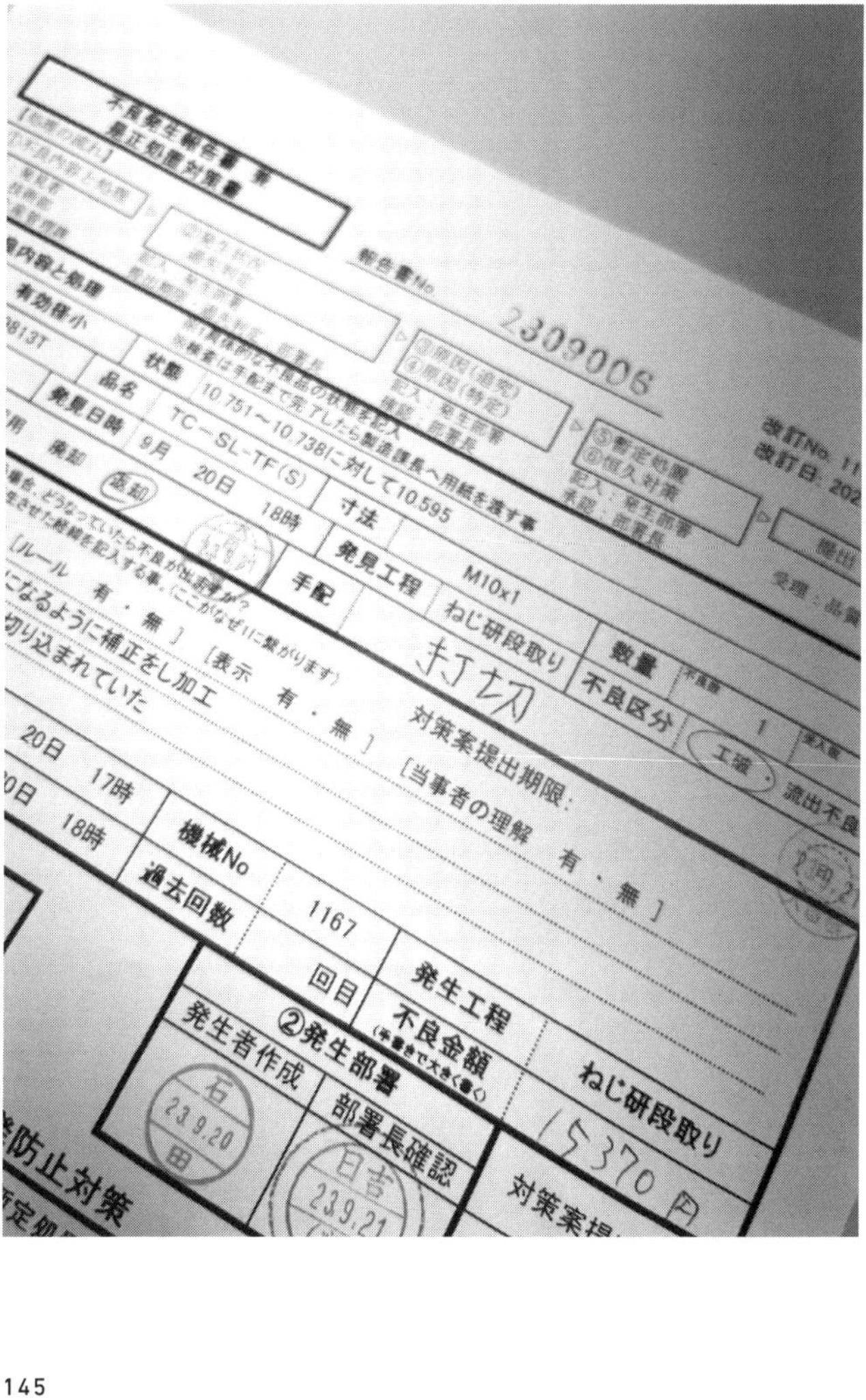

デジタル化で間接業務は生産性が倍に！

工場見学にいらっしゃった方が驚かれるポイントの一つが**IT化**です。

たとえばお客様を迎えるウェルカムボード。以前はボードに毎回手書きでお客様の名前を書いていましたが、現在はモニターにお客様名とメッセージが表示されます。

それだけでも新鮮ですが、さらに驚かれるのはウェルカムボードが会議室予約システムと連動していることでしょう。

会議室を使いたければ、かつては事務所に来てホワイトボードに書き込んで部屋を取る必要がありました。しかし、TANOIの基幹システム『コア』上に会議室予約システムを構築。現在は外から会議室を予約できます。ウェルカムボードも同じシステムを利用して、お客様の名前と訪問時間を入力すればモニターに自動で表示することができます。

ウェルカムボードを自動化したところで業務効率化の効果は大きくありません。

会議室の予約とウェルカムボードの表示が連動する仕組み

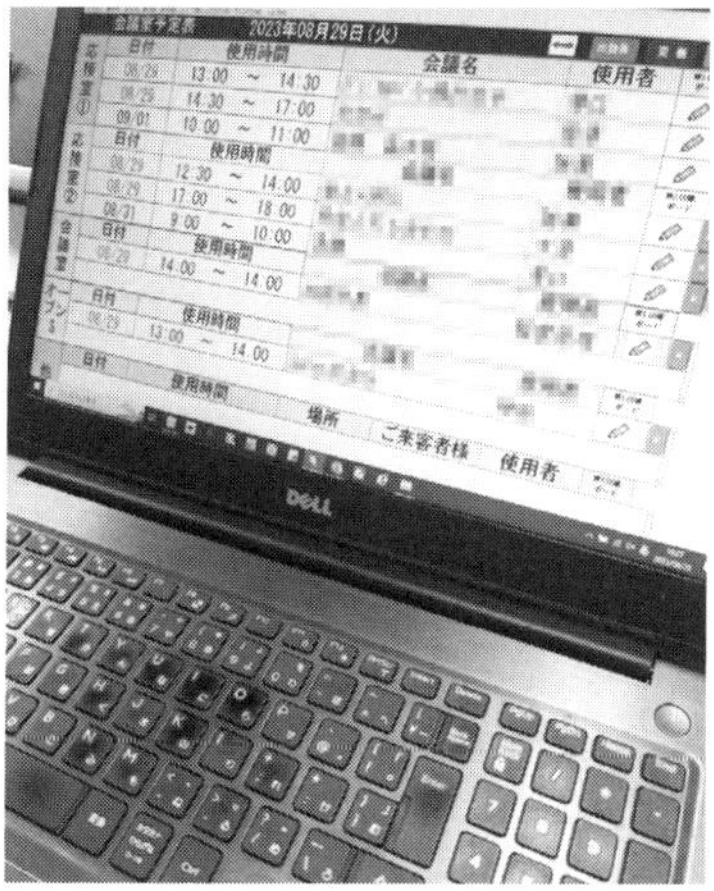

ただ、お出迎えの対応からいきなりデジタル化されているのを見て、みなさんは「この工場はただものではないぞ」とハッとされるようです。

実際、デジタルを使って自動化している例はたくさんあります。

工場では、製造の指示内容を書いたチェックシートを見ながら作業を行います。チェックシートはフォーマットがあって、昔はエクセルでつくったフォーマットに自分で入力してシートを作成。この作業に、1枚5分かかっていました。

現在、チェックシートは生産管理システムとつなげて自動で作成しています。手動入力の作業がゼロ分になるので、工程一つあたり**月2500分の時間短縮**になり、そのぶん現場は製造の作業に集中できるようになりました。

ちなみにチェックシートは現在も紙で印刷しています。工場にもiPadを導入できたら理想的ですが（管理職や一部の部署には支給しています）、工場は油を使うため故障のリスクが高い。紙ならば汚れても使えるし、データそのものはシステムに残って蓄積されているので使い終われば捨てていい。デジタルとアナログのハイブリットト

自動化によりチェックシートの手動入力はゼロ分に

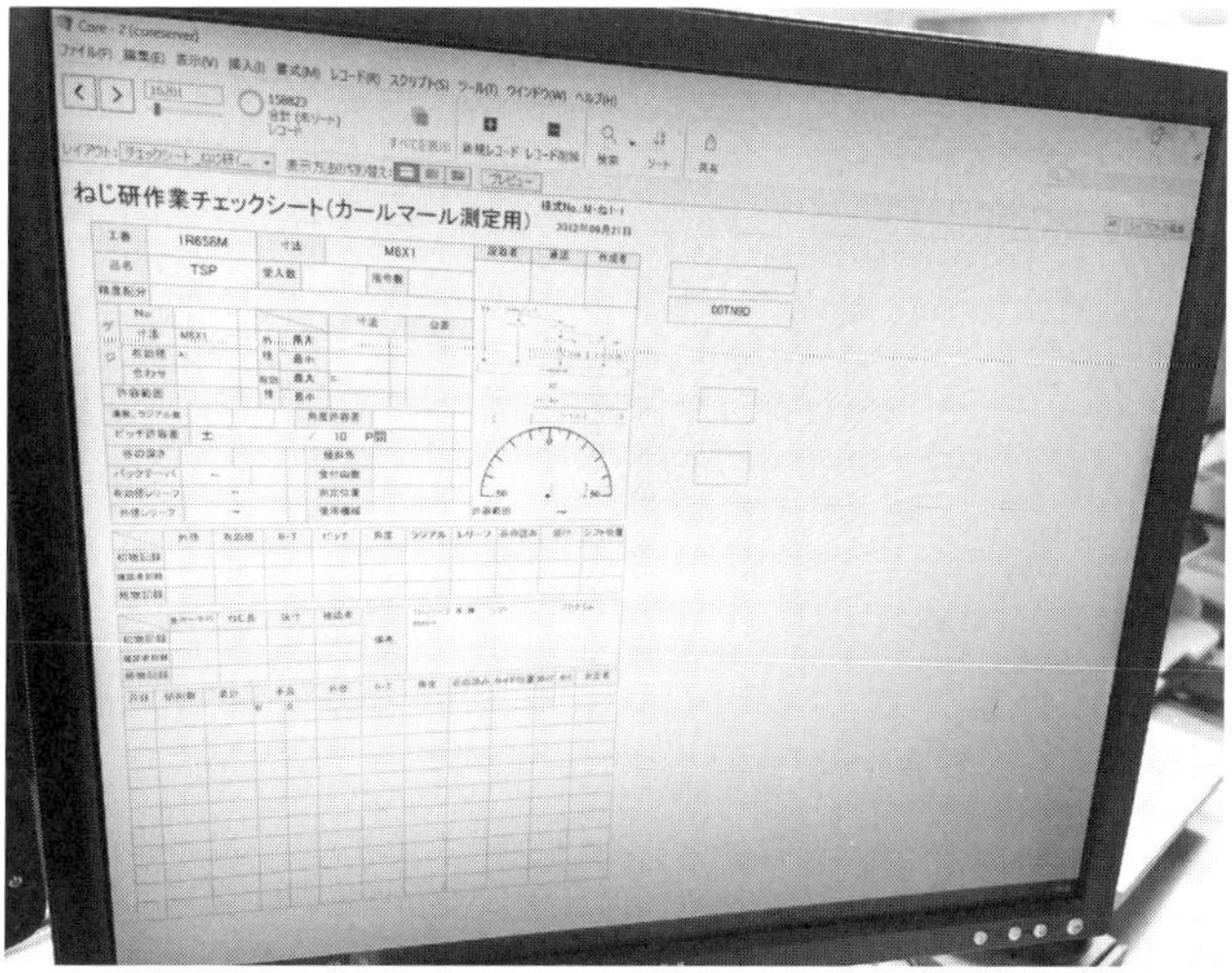

で最適なやり方を模索した結果、現在のやり方になりました。

オフィスの業務も自動化が進んでいます。たとえば注文がまとめて来たときは、お客様からいただいたデータを販売管理システムに取り込んだり、お客様からの入金処理もこれまでは経理が自分で仕分けして入力していましたが、これも現在はエクセルのマクロを使って自動化しています。

ユニークなところでは、お弁当の注文も自動です。詳しくは後で紹介しますが、TANOIはお弁当代を会社が半分負担していて、社員は出勤時に今日食べたいお弁当を選びます。以前はそれを紙に記入してもらい、総務が集計したうえで発注していましたが、現在は集計も発注もシステムが勝手にやってくれます。

お弁当を頼むかどうか、あるいはどのお弁当を選ぶかによって、社員が負担すべき額は毎月変わります。従来はそれを経理が計算して給与から天引きする処理を行っていましたが、それも自動化されています。間接部門がお弁当に関してやらなければいけない業務は、もうほぼ何も残っていません。

いたるところでこういったデジタル活用を進めた結果、とくに総務や経理などの間接部門は圧倒的に生産性が高まりました。

かつてTANOIの間接部門は7人で回していました。しかし、現在は3人です。しかも、以前より処理する業務量は増えています。さらに**残業時間はゼロ**です。少なく見積もっても、**生産性は2倍以上**になりました。

工場や営業では残業が減りました。埼玉工場は、かつて残業時間が40時間に達した月もありましたが、**現在は10時間**。宮城工場はまだ残業が多いのですが、かつての月80時間から、**現在は45時間**以内に収まるところまでコントロールできています。

社員からのボトムアップでデジタル化が加速

TANOIのDX（デジタルトランスフォーメーション）がうまくいっているのは、中小の製造業としてはいち早くIT化を進めていたからでしょう。

FileMakerを使った基幹システムを社内で構築して、「コア」と名づけたのは２００８年でした。当初から生産管理、販売管理、勤怠管理ができるシステムでした。

最初にコアを開発した社員が退職した後は開発を外注に出していたため、しばらく大きな進化はなかったのですが、２０１３年に岩佐啓介が入社してからまた加速しました。

岩佐は前職でシステム担当でした。転職した当時の印象をこう明かしています。

「中小の製造業なのに、社員のＩＴリテラシーが高くて驚きました。前職では使わなかったようなＩＴ用語が飛び交っていて、現場から『システムでこんなことができないか』という提案や改修依頼も次々にやってくる。私自身はエンジニアではなかったのですが、現場の思いを実現したいと思って急いでＦｉｌｅＭａｋｅｒを勉強しました」

岩佐が中心となって開発を進めて以降、さまざまな機能がコアに追加されました。

たとえば生産管理に生産計画の仕組みを加えたり、勤怠管理にはワークフローの機能を追加しました。ワークフローが整備されたことでペーパーレス化が一気に進展。先ほど紹介したチェックシート以外、**現在は紙がほぼ残っていません**。

基幹システム以外のところでもデジタル化は進んでいます。

ツール名を具体的にあげていくと、ウェブ会議はＺｏｏｍやＧｏｏｇｌｅＭｅｅｔ、ファックスの電子化はＤｏｃｕＷｏｒｋｓ、電話機はＳＰＩＣＡを使っています。４年前には、それまでデスクトップだったＰＣをノートＰＣに。新型コロナウイルスの感染が始まる前にこれらのハード、ソフトを導入していたので、リモートワークへの移行が非常にスムーズでした。

社用車の管理にはＱＲコードを利用しています。以前は、いつ入庫・出庫して、何キロ走って何リットル給油したのかを紙の運転日報・月報に記録して管理していましたが、今はＱＲコードを読み取ると開くＧｏｏｇｌｅのスプレッドシート上で管理しています。

もちろん導入したら終わりではありません。新しいものが出てきたり、一度導入したものが使いづらければ、ツールを刷新するケースもあります。

ツールがマルチベンダーになっていて使いづらいという声があったので、一度はGoogle Workspaceに集約。長年使い慣れていたメッセージアプリのChatworkもこのとき止めています。ただ、ウェブ会議も一度はGoogle Meetに替えたものの、Zoomのほうが使い勝手がよく、今は状況に応じて使いやすい方を使っています。

あっちにふらふら、こっちにふらふらしているように見えるかもしれませんが、「せっかく入れたから、替えるのはもったいない」という考えがデジタル化の足を引っ張ります。ツールはそのとき使いやすいものを選ぶべきです。TANOIはそうやって業務の生産性を高めてきました。

中小でもデータドリブン経営ができる

ボトムアップでデジタル化が加速

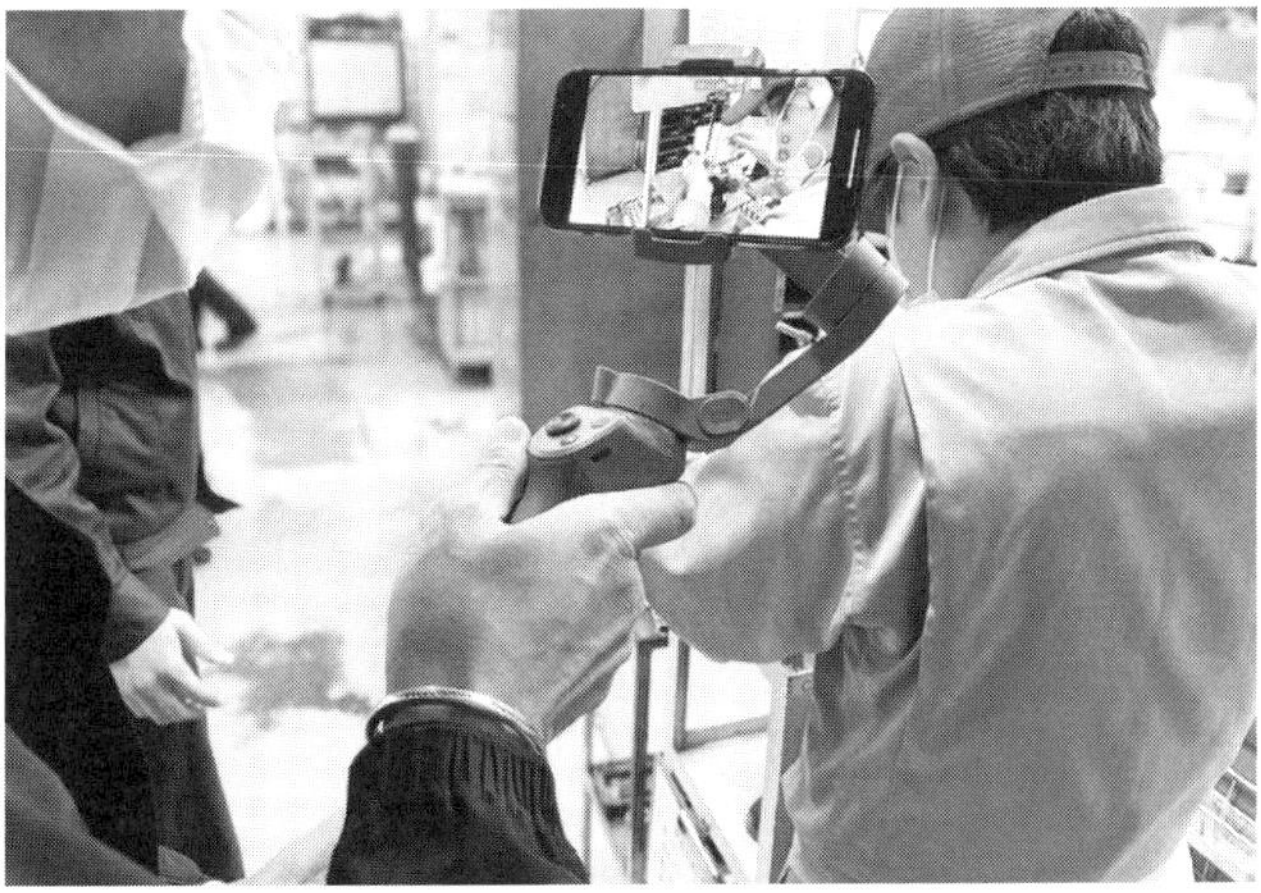

デジタル化の効果は業務効率化にとどまりません。

これから期待が大きいのは、**データドリブン経営**――蓄積したデータを分析して意思決定に活かす経営――です。

基幹システムの「コア」には、売上や製造のデータのみならず、TANOIの企業活動に関するありとあらゆるデータが蓄積されています。データは蓄積するだけだと在庫と同じコストになりますが、それを分析して経営方針の決定や現場の業務改善に活かせば、宝の山に早変わりします。

TANOIでは、約1年前からGoogleのBIツール「Looker Studio」を導入しています。これを使ってデータ分析を行いますが、使いこなすにはそれなりのスキルが必要です。そこでまず幹部から月1回二人ずつ、自分の分析結果をプレゼンする発表会を始めました。

一例をお話しましょう。埼玉工場でつくっている製品の一つに、超硬合金素材のタップがあります。硬いと欠けづらいように思われるかもしれませんが、実際は逆です。圧力をしなやかに逃がすことができないので、軽く当たっただけで欠けてしまうことがあります。

欠けたものは最終検査で弾かれるため、お客様に不良品をお出しすることはありません。しかし、どの工程で欠けが発生しているのかは特定できておらず、長年謎のままでした。

仮説としてはさまざまな可能性が考えられます。工場のライン間で運搬しているときに発生している可能性もあるし、コーティングを外注に出すときの運搬や、外注でのコーティングの工程で発生している可能性も考えられます。

それぞれの工程で検査をすれば特定は可能でしょう。しかし、検査には人手が必要です。検査を重ねれば生産性が下がり、コストもかかるので現実的ではありません。

そこで頼りになるのがデータ分析です。まず工程Aで欠けが発生していると仮定して、改善策を実行します。実行前と後で不良の発生率を比べて改善が見られたら、欠けの原因が工程Aだと特定できます。

逆に発生率が変わらなければ、改善策が間違っていたか、他の工程に原因が潜んでいるかのどちらかで、ふたたび仮説検証を繰り返せばいい。いずれにしても改善策をデータで検証することで、いずれは不良品の発生を減らせるでしょう。

毎月の発表会では、幹部が考えた改善提案をプレゼンします。そこで他の人の合意を取れたら実際に改善策を実行。翌月の発表会でその結果を報告します。

Ｌｏｏｋｅｒ Ｓｔｕｄｉｏの活用は、いずれ一般社員にも広げようと考えています。幹部が分析するとどうしても利益やコスト、品質に関わる「真面目」なものになりがちですが、ツールに慣れてもらうためには〝おもしろアプローチ〟もありでしょう。たとえばコアには社員の勤怠管理データもあります。幹部はそれを使って有休消化率のチェックをしていますが、一般社員なら「何曜日なら他の人と有休がかぶりにくいか」「残業の多い日は取りにくい。週末の休みとつなげるなら、金曜と月曜のどちらが残業は少ないか」といった分析をしてもいい。

社員がGoogleのLooker Studioを使ってデータ分析

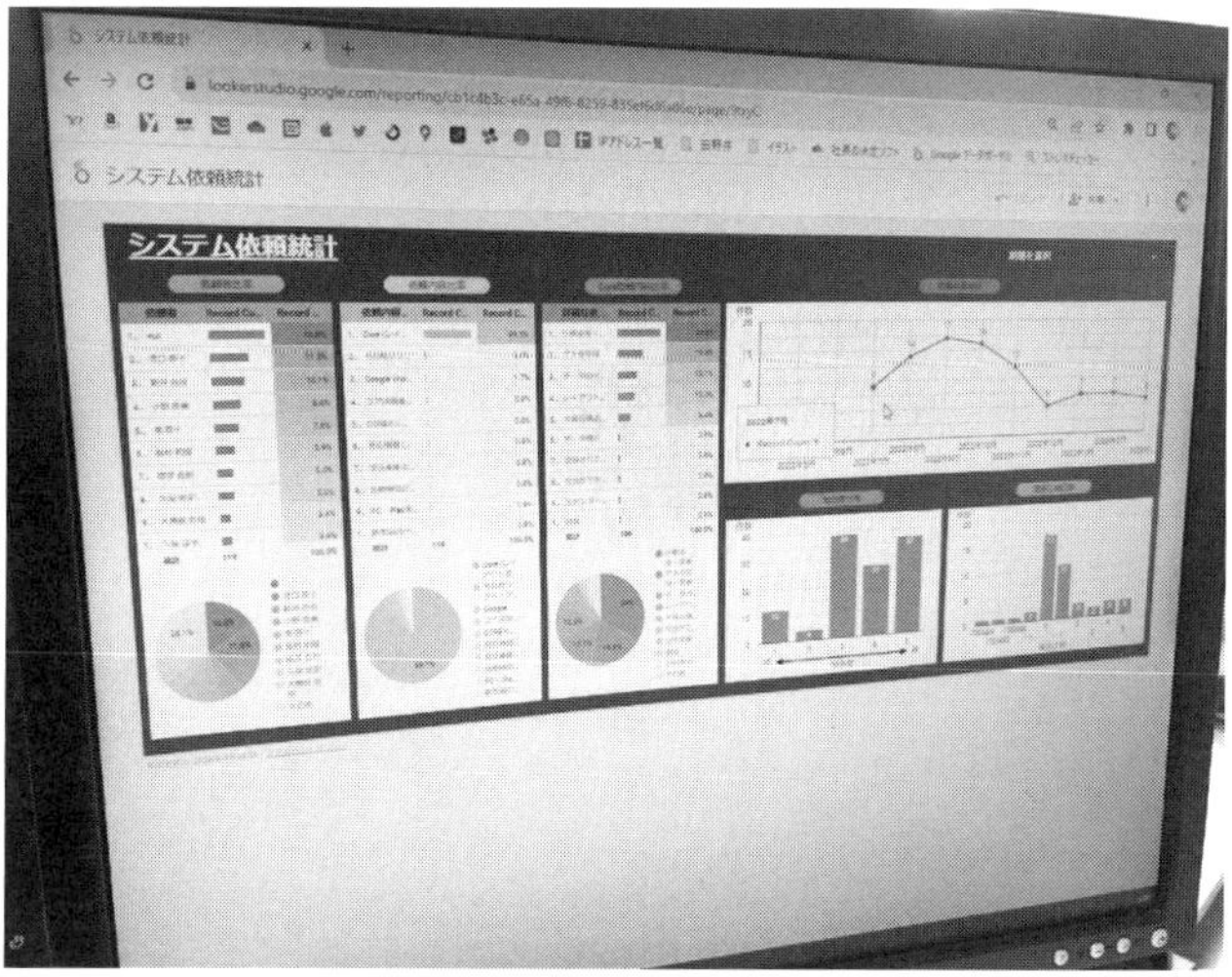

データドリブンの取り組みは始まったばかりです。目標は社員一人ひとりがデータドリブンで物事を考えられるようになること。そうすれば業務改善が進むだけでなく、社員の働きやすさや働きがいがさらに向上するでしょう。

営業改革で粗利益率は大幅アップ

工場や管理部門に加えて、営業部門も改革は進んでいます。きっかけは、私が受けていた外部研修です。主任時代に焦って後継者セミナーに通い始めたことはすでにお話しました。すぐに副社長への抜擢が決まったので、経営者を対象としたセミナーに鞍替えしました。

セミナーには、経営計画をつくるプログラムがあります。それまで決算書もろくに読めなかった私にとって、経営計画の策定はハードルが高すぎました。適当に数字を入れて持っていくとダメ出しされて、ふたたび修正。ひたすらその作業の繰り返しです。

気が遠くなるほど修正を繰り返すうちに、なぜ合格がもらえないのかわかってきました。経営計画は社長の意思を形にするものです。しかし、私はとくに戦略というものがなく、つじつまが合うように数字を入れていただけでした。

戦略というほど立派なものはないけれど、どの商品に力を入れるかを考えて計画を策定しよう。

そう考えて、粗利益の大きい商品をたくさん売ることにして短期計画をつくったところ、ようやく合格となりました。

それまでのＴＡＮＯＩは、売上を伸ばすことばかり考えてきました。もちろん売上は少ないより多いほうがいい。ただ、営業の現場では売上を伸ばすために値引きを行い、利益がほとんど出ないケースも起きていました。

売上がぐんぐん伸びているときなら、値引きに依存した営業でも何とかなります。実際、父の代はそれで経営を立て直したわけです。

しかし、売上が激減すると、粗利益率の低さが致命傷になります。いったん下がった売上を回復させる局面でも、値引きに頼るのではなく、付加価値の高いTANOIのオンリーワン商品を重点商品にして、粗利益率の向上を意識しながら営業していくべきです。

自分で数字をこねくり回して経営計画をつくっているうちに、ようやくそのことに気づいたのです。

現場は反発しました。父のときから、オンリーワン商品へのシフトやドクターセールスを始めていましたが、値引きするスタイルは引き続き行われていました。今後は値引きを最小限にして、あくまでも付加価値で勝負する。私がそう打ち出すと、営業からは「それでは売上がつくれない」という声が続出しました。

ただ、お客様の立場になって課題を解決するドクターセールスを本気で展開すれば、その中でオンリーワン商品の魅力も伝わるはずです。値引きではなくドクターセールスの強化で売上をつくることを徹底的に説きました。

具体的には、**見積りをとった単価から一定以上の値引きをするときは、必ず社長の**

決裁が要るというルールをつくりました。

たとえば営業担当から「大量に購入してくれるので値引きしたい」と相談があれば、私は製造現場に数量を伝えて粗利を確認。一定基準の粗利をクリアすれば許可しますし、難しければ却下します。

却下されると、値引きしないか、もっと数量を多く発注してもらうか、あるいはより付加価値の高い商品に切り替えてもらうしかありません。いずれも簡単ではありませんが、営業にはそれに挑戦してもらうよう説き続けたのです。

ドクターセールス統括部部長の吉川雅也は、こう話しています。

「最初は腹が立ちましたよ。どうしてずっと営業でメシを食ってきた自分が、物を売った経験もない人のいうことを聞かなきゃいけないのかって。しかも、そんなの無理だと言ったら『負け犬根性が染みついている』とまで言われて悔しかったですね。

でも、このままではいけないことは私も薄々わかっていました。私たちと本気で向き合う優美さんを見ているうちに、自分もプライドにしがみついている場合ではないと気づきました。『優美さんのことは30代の女性じゃなくて、50代のおっさんだと思おう』と考えを切り替えたら、だんだん抵抗がなくなってきました」

私としては複雑な気分ですが（笑）、説き続けた甲斐あって徐々に意識改革が進み、今では営業全員に粗利重視の意識が浸透するようになりました。

その成果で、粗利益率は着実に向上しています。改革に取り組む前の粗利益率は20％前後でしたが、**現在は30〜35％**に。営業組織の体質は強くなったと思います。

目指すは「実質」無借金経営！

一連の経営改革の一つとして、財務体質についても触れておきましょう。

父は人づきあいが得意で、金融機関とも信頼関係を築いてきました。もちろん金融機関は甘くありませんが、前述の本社移転のエピソード（メインバンクの援護射撃を受けて、父が反対していた本社移転を実現）からもわかるように、メインバンクはTANOIの経営に協力的であり、父もメインバンクの助言には信頼を寄せていました。そのベースは今も変わっていません。私の代になって変化したのは、コミュニケーションが夜の会食から、昼間の**銀行訪問**が中心になったことでしょう。

銀行訪問は3～4カ月に一度。最新の決算の数字や今困っていることを含めて、ありのままを報告します。他に年1回行う期首の方針発表会に招待して、経営計画や経営方針、社員の様子を見てもらいます。金融機関にとって一番困るのは、融資策の実態がわからないこと。ガラス張りにしてすべてを見てもらうことで、信頼関係がより強固になると考えています。

実際、会食の回数が減っても、金融機関との関係は父の代と比べて少しもゆらぐことはありません。コロナ禍は売上が激減してひさしぶりに業績が悪化しましたが、約4億円を融資していただき、おかげで従業員の**基本給を100％保証**することができました。危機の終わりが見えないと経営者は不安になりますが、キャッシュが十分にあることで私も安心して社員にお給料を支払えました。

単に融資していただくだけではありません。最近では金融機関から「こんなメーカーさんをお客様としてご紹介できますよ」「TANOIさんが協業できそうな外注先候補があります」といったご紹介をいただくことが増え、大変心強く感じています。

金融機関からたくさん借りていると言うと、「うちは借金まみれ」と驚く社員もいるようです。しかし、借り入れをしてキャッシュを潤沢に持っているからこそ、危機に見舞われたときでも経営を安定させ従業員の雇用も確保できるわけです。

TANOIが目指しているのは、その気になればいつでも返済できる範囲でめいっぱいお金を借りる**「実質無借金経営」**です。早くその理想に近づけるように、さらに経営改革を進めていきます。

第5章

ものづくりは人づくりから始まる

「ものづくり×人づくり」が会社の成長に

「先代が社長を務めていたころを技術革新の時代とするなら、優美社長は〝人〟と〝職場環境〟革新の時代だよね」

しばらく前に、田野井家の長男である利彰からこう言われたことがあります。

さすがに兄はよくわかっています。

ＴＡＮＯＩは創業以来、ものづくりの土台となる技術や考え方を積み上げてきました。そこに技術革新でオンリーワン商品の開発を進め、ＴＡＮＯＩのものづくりを進化させたのが父でした。

もちろん技術革新や品質の追求は引き続き行っていきます。ただ、ものづくりの進化だけでは成長に限界があることもたしかです。優れたものづくりは、それを担う人、できあがったものを届ける人、みんなが働きやすいように会社を陰で支える人など、さまざまな人の力があって価値を発揮します。ものづくりを追求すると同時に人を伸ばす、つまり**「ものづくり×人づくり」**が会社を成長させるのです。

この章では、ＴＡＮＯＩの人づくりを解説します。どのように社員を採用し、育て、評価しているのか。さっそくご紹介しましょう。

人の新陳代謝が会社を元気にする

ものづくりは経験を積むほどスキルが向上します。ですからベテラン社員に長く勤めてもらうことが大切です。実際、ＴＡＮＯＩには定年後も嘱託で残って活躍してくれている社員が大勢います。

ただ、新しい血が入らなければ技術の継承ができないし、付加価値の高い商品開発に結びつく新しい発想も出てきにくい。ベテランを大事にしつつも、若い社員が次々に入社して新陳代謝が起きてこそ、会社は活気ある状態を保てます。

そのことをいち早く意識していたのは父でした。

父が社長になった当時は、日本精工出身のベテラン社員がまだ多く残っていて、組織全体でみるとややバランスが悪かった。そこで父は経営が厳しい中でも毎年新卒を採ることを自分に課し、実行しました。

代替わりしても、その方針は変わりません。理想は毎年4～5人の新卒採用です。内定辞退などで人数が少ない年もありますが、私が社長になって新卒ゼロの年は一度もありません。

中途採用も比較的若い世代の人を採用しています。中途採用は即戦力であることが条件ですが、キャリアや経験だけを重視して選ぶと、どうしても年齢層が高くなってしまいます。そこで近年は価値観が合っていることをより重視して、経験が浅めの若い人も積極的に採用しています。

その甲斐あって若返りが進んでいます。社員の**平均年齢は37歳**。細かく見ると、田野井製作所が40歳で、ミヤギタノイが36歳です。

幹部の世代交代も進んでいます。かつては60代がほとんどでしたが、現在は30～40代が中心になりました。

ものづくりの現場は高齢化が問題になっていますが、TANOIはその流れに逆行しており、むしろベンチャー企業のようにフレッシュです。

必要な人財の条件は「明るさ」「元気」「素直」

新卒採用のプロセスは高校生と大学生で異なります。

高校生の場合、まず私たちが学校に求人票を出し、先生との進路相談の中で推薦されて応募に至るケースが多いです。

採用試験は書類と面接です。大学生と違って志望動機は重視しません。自ら主体的に選んで応募する高校生は少ないので、聞いてもあまり参考になりません。

重視するのは学校の欠席数です。欠席が多い人は、入社後も休みがちになる傾向があります。社員が休んでもフォローできる体制は整えていますが、最初から休む可能性の高い人をわざわざ採る余裕は残念ながらありません。

あとは「明るさ」「元気」「素直さ」があるかどうかも見ます。とくに重要なのは素直さです。

明るさや元気さは、教育やまわりの環境によって身につけることが可能です。ただ、素直さはそれが難しい。素直ではない人に「素直になると、こんなにいいことがあるよ」と話しても、素直ではないのでそもそもちゃんと聞こうとしません。

素直でない人は、まわりが同じ方向を向いているときに、あえて別の方向に進んで輪を乱すこともあります。明るさや元気さがなくても人に直接迷惑はかけませんが、素直でない人はまわりにネガティブな影響を与えかねない。ゆえに素直な性格かどうかを念入りに確認します。


大学生の採用はインターンシップや会社説明会から始まります。インターンシップでは幹部が参加者と一緒にランチをとります。面接ではどうしてもお互いに構えてしまいますが、ランチの雑談はリラックスムード。参加者は幹部に気軽に質問できるし、幹部も学生の本音が見えて、後に続く採用活動に活かすことができます。

一次面接は幹部、二次面接は社長が担当して、二次が最終面接になります。学校の

採用活動は人づくりの第一歩

成績はあまり見ていませんが、適性検査を受けてもらって参考にしています。

面接で見るポイントは高校生の採用と同じです。明るく、元気で、素直なこと。採用基準はそれに尽きます。

例年だと、最終面接まで進んだ人のうち、約8割の人に内定を出します。最終面接に進んだ時点で採用の条件はほぼクリアしているのですが、5人に1人くらいは「TANOIに合わない」と私の直感が告げる人がいます。最終面接まで進んだのですから人財として申し分ないですが、フィットしない人を無理にわが社に縛りつけるくらいなら、その人に合った会社で働いてもらったほうがお互いのためです。人が欲しいのはやまやまですが、グッとこらえて不採用にしています。

採用時点で職種は分けていません。ものづくりの会社なので製造現場で活躍できる人は必要ですが、経営戦略上、今後はドクターセールスができる、営業で活躍できる人財を厚くしていくつもりです。

工業大学や工学部の学生の中には、タップという製品を知ってくれている人もいます。たとえば2021年に新卒入社したばかりの伊藤諒介は、こう話しています。

「大学の先生に『高品質のタップをつくっている会社がある』と教えてもらったことがTANOIを知ったきっかけでした。実際、製品を見せてもらって、こんな形状のタップを製造できるなんてすごいと感動。応募を決めました」

このように工学系の学生にとっては身近に感じてもらいやすいのですが、それ以外の学生にはなかなか馴染みのない世界です。そのため「タップとは何か」ということろから理解してもらわなければならず、壁の高さを感じています。

ただ、採用活動を続けてわかったのは、営業で活躍する人財はオンリーワンの技術にはそこまで強い関心がないということ。TANOIの技術より、社風や労働環境に魅力を感じるようです。

入社3年目、中部エリアの遠藤将太は入社の理由をこう語ります。

「会社説明会や面接のとき、事務所の人が全員起立して挨拶してくれたんです。それがとても自然で、フレンドリーな会社だと思いました。タップが何をするものなのか最初はわかっていませんでしたが、それでもビビッときたものがあって選びました」

近年はこのように、業務の中身より働きやすさや働きがいを重視する学生が増えています。ものづくりが好きな学生にとっても、働きやすさや働きがいは大きな関心事。今後の採用活動では、そのあたりをもっと強調していきたいと考えています。

親からの手紙をサプライズで読む理由

内定を出した後も、内定者とは継続的にコミュニケーションを取ります。幸か不幸か、TANOIが欲しいと思って内定を出す学生は他からも内定をもらえるレベルで、毎年のように内定辞退者が出ます。それを少しでも減らすためには、内定を出してそれっきりにするのではなく、**入社式まで内定者をフォロー**することが欠かせません。

具体的には、会社の**バーベキューや食事会**に呼んで親睦を図ったり、コロナ禍で直接対面しづらいときは電話やＬＩＮＥで定期的に連絡を取っていました。

一年前にトライアルでやってみたのが、**社長の一日かばん持ち**です。かばん持ちは内定者とコミュニケーションを取ると同時に、内定者に私や会社のことを知ってもらう目的でやりました。

朝から晩までひたすら私の横についていてもらうのですが、その日は私と経営者仲間のランチミーティングの日でした。内定者は私と話すのも緊張しているようでしたが、ランチ時には大勢の社長に囲まれて緊張の極致に。精神的に相当疲れたでしょう。

刺激が強すぎたかもしれませんが、やってよかったと思います。短時間の面接ではわからない私の人となりは伝わったはずで、少なくても入社してから「こんな社長だとは思わなかった」と期待を裏切ることを防げるでしょう。

手ごたえを感じたので、かばん持ちは定期的に実施するつもりでいます。毎回社長が相手では疲れるでしょうから、各部門の幹部のかばん持ちをして、会社のありのままの姿を見てもらうことも検討しています。

入社後の教育については後で紹介しますが、採用活動という括りでいえば、入社式、そして期首の方針発表会がゴールになります。

中でも盛り上がるのが**ご家族からのお手紙**です。事前に内定者（この時点ではもう新入社員ですが）のご家族にこっそり連絡をして息子さん、娘さんに宛てたお手紙を書いてもらい、それを入社後の方針発表会で読み上げるのです。

お手紙の内容はいろいろです。我が子の成長を振り返るお母様もいれば、社会人の先輩として子どもにエールを送るお父様もいます。いずれにしても内定者にとってはサプライズ。みんな一様に驚き、なかにはポロポロと泣き出す人もいます。

こうした仕掛けをしているのは、今まで育ててくれたご家族に感謝してもらうと同時に、これからは一人の大人として自覚をもって働いてほしいから。また、私たち自身もご家族の思いを知り、新しく仲間になった社員たちを、責任を持って預かろうという気持ちになります。ここで明かしてしまったのでもはやサプライズにならないかもしれませんが、目的は驚かすことではないので、今後も続けていきたいと思います。

内定後もイベントなどで入社までフォローする

中途採用から幹部になった社員

ＴＡＮＯＩは中途採用の社員も大活躍しています。採用人数としては新卒より若干少なめですが、定着率は新卒より高く、採用時点でキャリアがあることもあって、私が社長に就任して以降新たに幹部になったのは、全員が中途採用組でした。

ＴＡＮＯＩにＤＸをもたらした功労者、岩佐も中途入社です。

岩佐は現在経営管理部の部長を務めていますが、もともとシステム担当のエンジニアでした。基幹システムを構築した前任者が退職して、一時的に外部に保守や機能追加を頼んでいたのですが、やはり社内で専任の担当が必要だという話に。求人をかけたところ、応募してきたのが岩佐でした。

岩佐は前の会社でもシステムを担当していました。ただ、前の会社が移転することになり、通勤時間が倍かかることに。ワークライフバランスを考えたときにそのまま勤め続けるのは難しいと考え、ＴＡＮＯＩの募集に応募したそうです。

入社後、ＴＡＮＯＩのデジタル活用が加速したのはすでにご紹介した通りで、システム担当としては期待通りの貢献をしてくれました。それだけでも中途採用の成功事例だったと思います。

ただ、岩佐の貢献はそこで終わりませんでした。ＴＡＮＯＩでは、主に財務などを担当する経営管理部長を元銀行マンの方に務めてもらっていました。その方が高齢でリタイアして、他の人をふたたび銀行から招くことも考えました。そのときふと頭に浮かんだのが岩佐です。

社内の基幹システムは独自につくり込んだものなので、外からやってきた新任担当者がすぐ理解できるものではありません。しかし、岩佐は勉強熱心で必死にマスターしたし、現場のみんなとも積極的に情報を交換しようとしていました。

あの姿勢で仕事をしてくれるなら、経営管理もできるのではないか――。

そう考えて白羽の矢を立てたのです。

岩佐は経営管理の経験がありませんでしたが、そこは心配していませんでした。もともと私も海外業務の主任からいきなり副社長になり、七転八倒しながら仕事を覚えていきました。私にできたなら、おそらく岩佐もできる。そう考えて抜擢したところ、持ち前の勉強熱心さを発揮して成長。いまでは立派な部長です。

会社によっては生え抜きを優遇するところもあるようですが、岩佐の例からもわかるように、**TANOIは新卒も中途も区別なし**。**価値観が同じで成長できる人財であれば、入社の経緯に関係なく活躍の場が与えられる**のです。

出戻り社員でも実力しだいで昇進

入社経緯は関係ないといえば、現在、営業の次長を務める塩澤義則を紹介しないわけにはいかないでしょう。塩澤はいったんTANOIを退職した後に戻ってきた**出戻り組**なのです。

実は塩澤は岩佐の幼馴染みです。2013年、岩佐から「友人が転職先を探しています。履歴書だけでも見てやってくれませんか」と紹介を受けたのが塩澤でした。

履歴書を見た時点では採用するつもりはありませんでした。というのも、それまでに転職を４回経験していたからです。ただ、事情を聴くと、勤務先がブラックで残業が多かったとのこと。お子さんが生まれたばかりで、「妻や子どものために、ワークライフバランスがとれる会社で働きたい」という転職理由にも納得がいったので、採用に至りました。

塩澤は真面目な性格で、ものづくり向きでした。製造現場ですぐに頭角を現して課長職になりました。

ただ、真面目過ぎて要領が悪く、何でも自分で抱え込むところがあった。本当なら私を含めた幹部がコントロールしてあげなければいけないのですが、塩澤はいっぱいいっぱいになって、ある日突然「辞めたい」と漏らしました。一度口にしたことはきちんとやろうとする律義さが塩澤のいいところ。後に引けないと思ったのか、２０１９年に本当に辞めてしまいました。

しかし、他社で働き始めてＴＡＮＯＩのよさを実感したのでしょう。約半年後、「また働かせてほしい」と連絡してきたのです。

いきなり私に連絡するのは怖かったらしく、最初は岩佐の家に来たそうです。ただ、岩佐はある意味メンツをつぶされた形です。塩澤のことを簡単に許すつもりはなく、「家には入れない。玄関先でいいなら話を聞く」と突っぱねたそうです。塩澤はそこで素直に後悔の気持ちを語り、結局、岩佐は私に取り次ぐことになりました。

一報を聞いて、実は私は小躍りしました。もともと塩澤に期待していたこともあるし、他社を経験したうえで戻りたいと思ったということは、ＴＡＮＯＩの職場環境が優れているということ。経営者として他の社長に自慢したいくらいです。

ただし、再入社を認めるかどうかは別の話です。何のペナルティもなく戻せば、同じ状況にいて頑張ってきた社員のモチベーションが下がるおそれがあります。また、戻っても幹部がケアしなければふたたび「辞めたい」と言い出すかもしれません。

そこで幹部たちと相談したうえで、同じ課長職ではなく、一般社員からやり直すことを条件に再雇用しました。入社後は私を中心に幹部が「また抱えこんでない？」とフォローすることを意識しました。

塩澤は会社の対応を意気に感じたのでしょう。仕事を抱えすぎない範囲で前以上にテキパキと働くようになりました。復帰して3年目ですが、今では退職前以上に昇進して次長になっています。

ちなみに社内では、塩澤は名前を呼ばれず「出戻り澤」とイジられています。本人も笑っていて、たまに自分でそう自己紹介しています。本人は一度退職して復帰した経験を乗り越えて、成長の糧にしているようです。

塩澤はもともと評価していた人財なのでレアケースであり、退職者は誰でもウェルカムというわけにはいきません。ただ、事情を汲んだうえで再入社を認めた後は、出戻りだろうと関係なく力のある社員を昇進させます。それがＴＡＮＯＩの方針です。

製造は多能工、営業はドクターセールスに

新卒社員の話に戻りましょう。すでに職務経験のある中途採用者はすぐ現場に入ってOJTで仕事を覚えてもらいますが、新卒社員はまっさらです。工業高校や工業大学出身の社員もタップやダイスをつくる装置は初めての経験なので、全員がまず工場で約2カ月の研修を受け、順繰りに全工程を経験してもらいます。

その中には入社面接で「この人は営業向きだな」と感じた社員も含まれます。TANOIの営業が目指しているのは、お客様の課題を診察できるドクターセールス。お客様のものづくりの現場にどのような問題があるのかを見抜くためには、営業自身が技術に詳しくなければいけません。そこでまずは営業候補も含めて全員、ものづくりの現場を経験してもらうわけです。

初期研修が終わると面接や研修時の様子を見て配属先を決め、それぞれが製造や営

業の現場に入りOJTで仕事を覚えてもらいます。

製造では、一人で段取りができるようになるまでおよそ2年かかります。その工程を覚えたら、極力異動させて別の工程を覚えてもらいます。いわゆる**多能工化**を進めるためです。

ものづくりは熟練の技が必要であり、本当は同じ工程でひたすら経験を積み重ねたほうがスキルは上がります。しかし、専門性を極めると同時に、一人が何役もこなせるようにならないとチームとしていいものづくりができません。

私がそれを実感したのはリーマンショックのときです。あのときは注文がぱったり来なくなり、ほとんどのラインが止まりました。その工程を担当している社員も掃除くらいしかすることがありませんでした。

ただ、ちょうどスマホの普及期で、スマホ関連の製造ラインだけは逆に忙しかった。そこを担当していた社員は毎日残業で、それでも間に合わずに休日出勤していました。

かたや仕事がなく手持ちぶさた、かたや仕事が多く残業でげっそり……。このような偏りができたのは、製造担当の社員が自分の担当工程しか詳しくなく、他の工程をカバーできなかったからでした。

これはさすがにバランスが悪く、どちらにも不満が溜まります。そこで専門性を追求しつつ、同時に多能工化を目指すことになったのです。

現在、**ほとんどの社員は複数の工程を担当できる多能工に**育ちました。埼玉工場は1棟、宮城工場は3棟で、スペース的に集約されていてパッと他の工程に入れる埼玉のほうが多能工化は進んでいます。ただ、宮城にはスーパー多能工が二人いて非常に心強い。

どちらの工場も15年前と比べて多能工化が進み、工場として柔軟性が増しています。実際、コロナ禍は操業にムラが出やすい状況でしたが、比較的うまく平準化できたと思います。

一方、営業に配属された社員はどうでしょうか。

OJTで多能工を育成

営業も基本的にＯＪＴですが、教育係としてドクターセールスが月に3回以上は営業同行します。ドクターセールスがインストラクターの役割も果たしていて、同行する中で自分の知見を伝授したり、現状で足りない部分について指導したりします。

そうやって経験を積みながら、お客様の使用状況を聞いておおむね判断できるようになるまで1～2年、一人ですべて任せられるレベルに達するまで3年はかかるでしょうか。

製造も営業も、一度配属されたらずっとそこに骨をうずめるわけではありません。整備の工程にはそれぞれ特徴があるため、適性を見て違う工程に異動させることもあれば（多能工化とは別の流れです）、例は少ないですが、製造と営業のあいだで異動させることもあります。

最初の面接と研修だけでその人の適性や潜在能力をすべて見抜くのは無理です。実際の仕事を通して向き不向きを見極め、柔軟に対応してキャリアを形成してもらいます。

経営方針書を教科書にして価値観を共有

スキルの教育以上に力を入れているのが、価値観や理念といった**考え方の教育**です。考え方といっても、特定の思想を押しつけるわけではありません。むしろ背景にはいろんな考え方の人がいていい。

ただ、仕事に対する考え方はみんな同じであるほうが組織として力を発揮できます。たとえば優秀な人二人が正反対の考え方で一つの仕事を進めようとすると、お互いに引っ張り合って仕事は前進しません。しかし、同じビジョンや姿勢を持つ二人なら、たとえ優秀な人の半分程度の力しか持っていなくても、お互いの力を足し合わせて仕事を前に進めていくことができる。仕事がチームプレイである以上、仕事に関係する考え方のすり合わせは必要なのです。

では、どのような考え方を社員みんなで共有すればいいのでしょうか。

その教科書として使っているのが、毎年発行している**「経営方針書」**です。そこには、会社の経営理念や今期の経営目標、仕事に関するさまざまな方針などがまとめられています。これを読めば、ＴＡＮＯＩがどの方向を目指していて、みんながどのようなルールで仕事をしているのかわかります。

実は以前からＴＡＮＯＩの社是はありました。ただ、それは社長室にポスターのように1枚貼られているだけで、ほとんどの社員が知らなかったし、知っていても普段意識することはありませんでした。

実践されなければ、どれほど素晴らしい考え方も価値がありません。そこで経営方針書は全員に配布して、その中身を朝礼で唱和してもらっています。

朝礼は工場が毎朝8時からで、事務所が朝9時から。これは始業時間が違うからです。時間は30分。唱和と連絡事項で10分、5Ｓ活動に20分です（5Ｓは価値観を揃える重要な教育として位置付けていますが、すでに解説してきたので、この章では説明を割愛します）。

TANOIの経営方針書

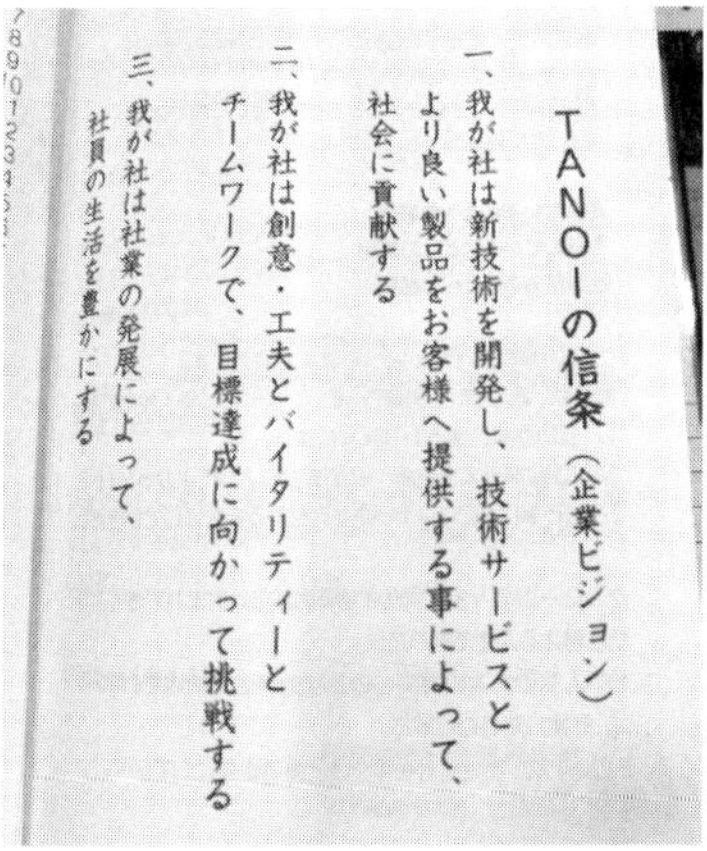

TANOIの信条（企業ビジョン）

一、我が社は新技術を開発し、技術サービスと
より良い製品をお客様へ提供する事によって、
社会に貢献する

二、我が社は創意・工夫とバイタリティーと
チームワークで、目標達成に向かって挑戦する

三、我が社は社業の発展によって、
社員の生活を豊かにする

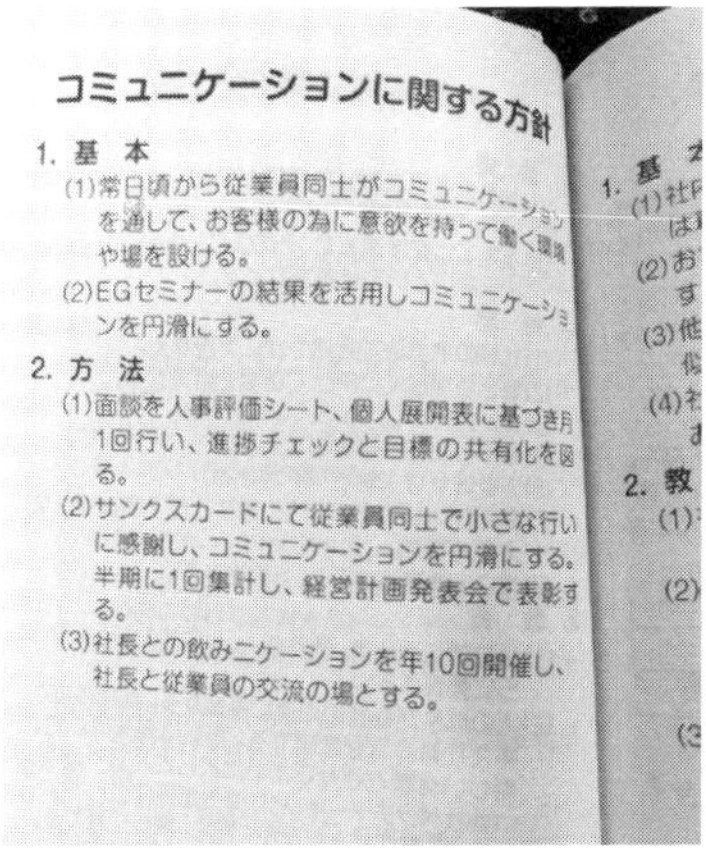

コミュニケーションに関する方針

1. 基　本
(1)常日頃から従業員同士がコミュニケーションを通して、お客様の為に意欲を持って働く環境や場を設ける。
(2)EGセミナーの結果を活用しコミュニケーションを円滑にする。

2. 方　法
(1)面談を人事評価シート、個人展開表に基づき月1回行い、進捗チェックと目標の共有化を図る。
(2)サンクスカードにて従業員同士で小さな行いに感謝し、コミュニケーションを円滑にする。半期に1回集計し、経営計画発表会で表彰する。
(3)社長との飲みニケーションを年10回開催し、社長と従業員の交流の場とする。

経営方針書は社員にとっての教科書

マストで唱和するのは、TANOIの信条（企業ビジョン）。

具体的には次の三つです。


「我が社は新技術を開発し、技術サービスとよりよい製品をお客様へ提供する事によって、社会に貢献する」

「我が社は創意・工夫とバイタリティーとチームワークで、目標達成に向かって挑戦する」

「我が社は社業の発展によって、社員の生活を豊かにする」


これは毎日唱和しているので、みんなほぼソラでいえます。

信条の後は、経営方針書に書かれている各方針（たとえば「お客様に関する方針」「安全に関する方針」「クレームに関する方針」「コミュニケーションに関する方針」など）を日替わりで唱和します。

唱和といっても、みんないやいや読んでいるだけであり、教育効果は低いのではな

毎日の朝礼で方針を唱和する

いかと疑う人もいるでしょう。実際、唱和は義務であり、最初はみんな「やらされ感」で読み始めます。ただ、毎日の習慣になると慣れてきて、積極的にとは言わないまでも、いやいや読むという状態からは脱します。

そこまでいくと、唱和している内容が自然に頭に刷り込まれてきて、しだいに行動が変わってきます。

たとえば「3分前行動を基本とする」という項目があります、唱和を始めた当初は必ずしもそれが守られていませんでしたが、3年目頃になって社内全体で集まる会ではじめて全員が3分前に揃いました。時間こそかかりましたが、唱和を続けたことで方針が無意識レベルで定着したわけです。

考え方の教育に即効性を期待してはいけません。毎日の地道な繰り返しが、社員たちが仕事に臨む姿勢をつくっていくのです。

経営方針合宿は毎年、白熱した議論に

経営方針書は毎年更新しています。

まず経営目標（売上、粗利益率、経常利益率）は社長の責任で私が毎年お正月明けに決めて社内に伝えます。１月には、全幹部が参加する１泊２日の**経営方針合宿**を行い、細部を詰めていきます。

幹部は現在17人。部門や部下の数字を向上させる責任を負っているため、「利益（ゲイン）を増やす」という意味を込めて社内でGアップメンバーと呼んでいます。

合宿に参加した幹部たちは、一日目にそれぞれの部門の立場から意見を述べます。たとえば「営業としてこの数字に責任を持つために、製造部門にこうしてほしい」というように、かなり突っ込んだ議論をします。二日目はそれを受けて各部門が方針目標を計画に落とし込み、最後は私が承認して終わります。

幹部として出席している岩佐は、経営方針合宿の様子をこう明かします。

「みんな率直に意見をいうので、一日目はバチバチです。ただ、根っこには会社をよくしたい思いがあるので、きちんと建設的な議論になります。二日目に最終的に承認が出たときは、みんなでこの目標を達成するんだという気持ちが自然に湧いてきます。私が〝チームTANOI〟をもっとも感じる瞬間の一つです」

合宿では、経営方針を策定する他、各方針のバージョンアップについても意見を募ります。たとえば直近では外国人技能実習生の導入を積極的に行っていくなどの意見が出て、方針に反映されました。

こうして取りまとめたものを毎年4月の方針発表会で全社員に配り、解説します。この作業を毎年繰り返しているので、経営方針書は普遍的でありながらも古びないのです。

外部研修は社員の刺激になる

経営方針合宿で幹部を中心に方針をアップデート

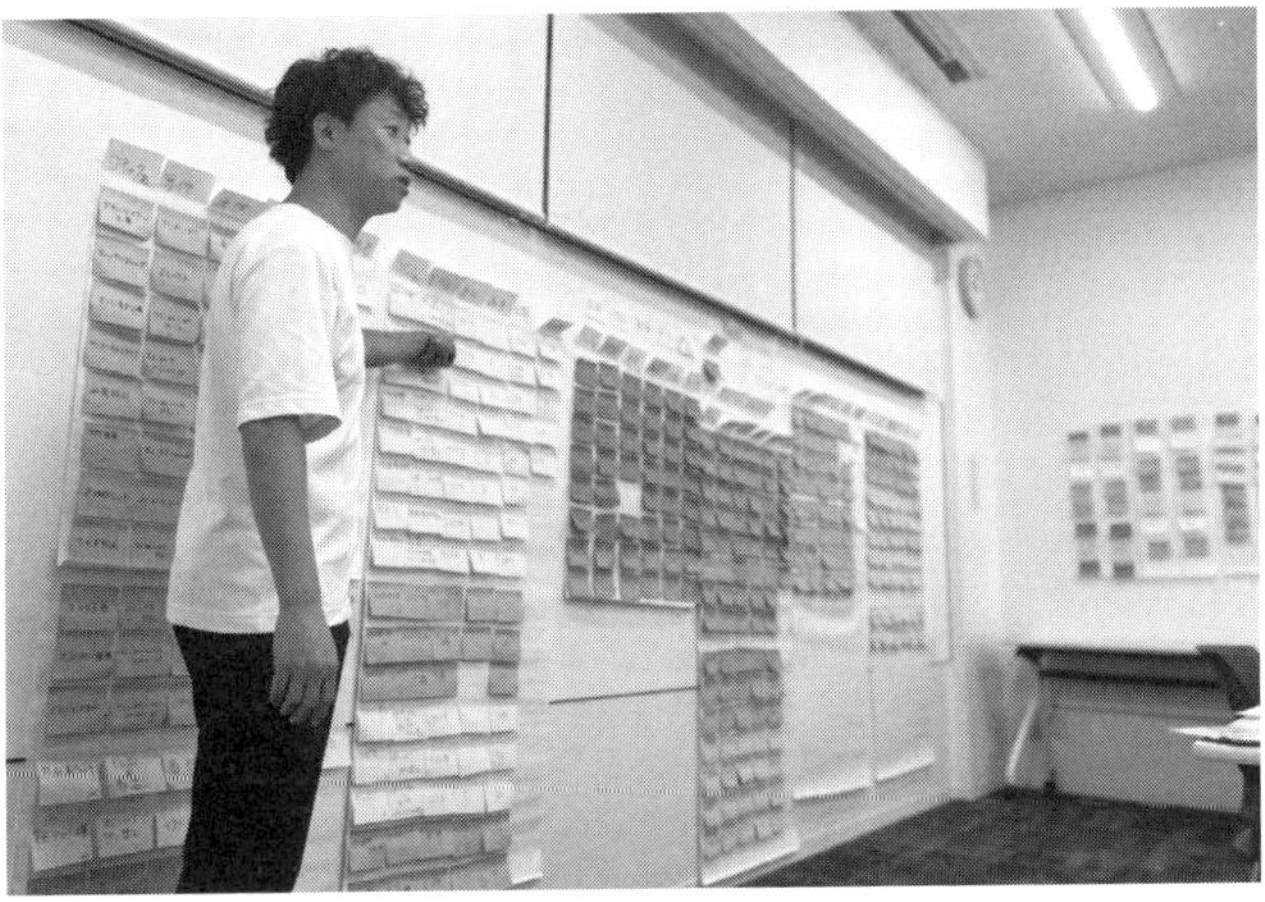

教育に関しては、外部のリソースも積極的に活用しています。

とくに私が副社長になるときに門を叩いたコンサルティング会社には、5S活動や幹部育成の研修でお世話になりました。ちなみに幹部を「Gアップメンバー」と呼んでいると言いましたが、Gアップは、ソニーで開発された「マネジメントゲーム研修」の中で使われる用語です。そういった細かいところまで、いい意味でパクらせてもらっています。

一方、ものづくり面では中小企業大学校の研修も活用しています。製造業向けの研修をやっているところは少ないので非常に助かっています。

研修費用は年によって違いますが、多いときは**1000万円を超えました**。中小メーカーとしてはおそらく多く注ぎこんでいるほうでしょう。

外部研修を積極的に取り入れているのは、成長には外部の目が必要だと考えているからです。TANOIには創業以来引き継がれてきた技術や考え方があります。それは大きな武器になりますが、内に閉じこもっているとガラパゴス化して世間とズレていくおそれもあります。持続的に成長するためには、外の世界にも目を向けて

「うちはここが強い」

「この部分は世間が先を行っている」

「いままでは強みだったが、バージョンアップしないと通用しなくなる」

というように自分たちの力を定期的に見つめ直す必要があります。

外部研修は、その絶好の機会です。実際、さまざまな企業が参加する外部研修を受けて、「自分たちは井の中の蛙だった」と刺激を受けて帰ってくる社員も少なくない。そこで受けた刺激は、単に知識やノウハウを得る以上の効果をもたらしてくれるはずです。

今後も外部研修を適時導入して、社員が刺激を受けられる場を提供していくつもりです。

新卒社員は最短10年で課長職に

社員の能力を伸ばしたり、考え方を共有する仕組みができれば、次はそれを仕事で発揮したときに評価する仕組みが必要です。

実は私が社長になった当初は、まともな評価制度がありませんでした。客観的なものさしはなく、鉛筆舐め舐めの世界。もちろん評価者は誰かをえこひいきしたりせずに公正無私に評価していたつもりですが、透明性がなかったがゆえに評価される側は不満や疑念があったと思います。

頑張っても上司の気分で出世や給料が決まってしまう——。

そんな疑いがあれば、教育を受けても仕事で実践することが馬鹿らしくなってしまいます。そこで2018年に**評価制度を刷新**。等級に求められる能力や、評価対象、評価方法などを明確にして、何をどのように頑張れば評価されて昇格できるのか、誰でもわかるようにしました。

評価制度をご紹介する前に、等級制度の説明をしましょう。

TANOIは部長（6グループ）から一般社員（1グループ）まで六つの等級に分かれていて、課長（4グループ）以上を管理職としています。等級ごとに求められる役割は定義されていて、単純化すると等級が上がるほど目を配る範囲が広がり、部下や後輩を育成・指導する役割が重くなっていきます。

新卒入社は全員、一般社員からスタートします。年に1回評価が決まり、あらかじめ決まっている条件を満たせば等級が上がります。たとえば一般社員から主任に上がるには、「3年連続B評価以上」という条件を満たす必要があります。人事は総合的な経営判断に基づいて行うため、条件さえ満たせば自動的に決まるものではないのですが、評価が昇格・降格の判断のベースにあることは間違いありません。

入社以降ずっと高い評価を取り続けると、**最短10年で課長に**なれます。ただ、最近の若い世代はみんながみんな管理職を目指すわけではありません。むしろ現場の仕事が好きで、マネジメントはやりたくないという社員が少なからずいます。

出世がニンジンにならなければ、評価制度そのものが機能しなくなるおそれがあります。そこでマネジメントをやらない**「エキスパート職」**を新設。ものづくりの職人として技術を磨いていくことで等級が上がるルートも設けました。それぞれの適性に合わせてキャリアの階段を昇っていける体制が整っています。

月イチの評価面談で「行動」や「実績」を評価

評価の対象になるのは**「行動」「業績」「能力」**（3グループ未満）**「職務」**（2グループ以上）です。

「行動」は、等級別に求められる行動が決まっているので、それができているかどうかを毎月1回の評価面談で上司が確認します。一方、「業績」「能力」「職務」は目標管理制度で達成度を測って評価します。これらの進捗も毎月の評価面談で上司が確認します。

評価面談で確認した内容は基幹システムに入力されます。年に1回、それらを組み合わせてS、A、B、C、Dの5段階で評価を出します。

下のグループほど4つの評価対象の中で「行動」のウエイトが大きくなり、逆に上のグループほど「業績」のウエイトが大きくなります。簡単に言えば、上に行くほど成果主義の色合いが強くなるわけです。

この制度の鍵を握るのは、評価者としての上司です。評価基準は明確化していますが、それでも評価者である上司によって多少のばらつきが出てしまいます。

たとえば一般社員に求められる行動の一つに「チームのための自発的な行動をする」という項目があります。ただ、決まっているのはそこまでで、何が自発的な行動に当たるのか、どこまでやれば自発的と言えるのかといった判断は評価者に任されます。そこで解釈のズレが出ると、同じことをしていても上司によって評価が変わってしまいます。

より客観性の高いはずの「実績」も上司しだいのところがあります。実績は目標に対する達成度で測るため、上司が部下に合った目標を設定できないと、結果的に正しい評価になりません。

残念ながら、そのすり合わせは現状では完璧ではありません。勉強会を開いて解釈などを統一したり、部下が多すぎて一人ひとりをきちんと把握できない部門（たとえばミヤギタノイは一人で40人見ています）は他にも幹部をつけるなどして対応していますが、まだまだ発展途上です。

一方、新しい評価制度を導入したことで以前よりグッと透明性が増し、評価に対する納得感は高まっていることもたしかです。自分の努力や成果が正しく評価される土壌ができれば、「もっと能力を伸ばしたい」「もっと結果を出したい」と成長意欲も湧いてきます。客観性のある評価制度は、人づくりに欠かせません。今後さらに改善を重ねていきます。

〝縁の下の力持ち〟も表彰制度で光を当てる

成長意欲につながる仕組みとしては、**表彰制度**も活用しています。

TANOIでは毎年、**社長賞**を一人、**優秀社員賞**を田野井製作所とミヤギタノイで一人ずつ、ぜんぶで三人を表彰しています。

優秀社員賞は幹部一人ひとりが1位から3位まで三人ずつ候補を推薦して、もっともポイントが多かった人が選ばれます。

一般的には派手な活躍をした人を選ぶ会社が多い印象ですが、TANOIはむしろ

表彰制度が社員の成長意欲向上につながる

〝縁の下の力持ち〟でチームに貢献した人が選ばれる傾向が強い。たとえば2021年にミヤギタノイで優秀社員賞に選ばれたのは、突然辞めてしまった新入社員の穴を頑張って埋めてくれた、入社5年目の女性社員、阿相有沙でした。

投票で選ばれる優秀社員賞と違って、社長賞は私が独断で決めています。ただ、実際には私の視点で選ぶより、優秀社員賞の候補となりながら惜しくも選ばれなかった人を選出することがほとんどです。ちなみにこの年の社長賞は、一度退職してから復職し、一般社員からやり直して次長まで駆け上がった塩澤でした。

ミヤギタノイの阿相や出戻り社員の塩澤は、当然その期に高い評価を受けていました。それに加えて個別の表彰でスポットライトを当てれば、「自分が学んで実践してきたことが間違いではなかった」と、より強く感じるはずです。

第6章

働きやすい職場が会社を成長させる

TANOIが働きやすい会社になった理由

TANOIは年に2回、従業員に**キャリアアンケート**を実施しています。目的は、現在所属している部署に満足しているかどうかを調べて人事の参考にするためです。

アンケートはGoogleフォームで記名式です。記名式とはいえ、閲覧できるのは私と部門長、管理部門の社員だけであり、一般社員や直属の上司は同僚や部下の回答内容を知ることはできません。

キャリアアンケートは現在の部署に対する満足度を尋ねるものですが、職場への満足度は会社への満足度とニアリーイコールで、実質的に従業員満足度調査としても機能しています。

では、社員たちの満足度はどうなのか。

「満足」「やや満足」を合わせると約2割。残りは「どちらでもない」がほとんどで、ごく一部に「やや不満」「不満」があるというバランスです。

ほとんどの社員は、「TANOIに骨をうずめたいと思うほどではないが、とくに不満がないからここにいる」といったところでしょうか。

可もなく不可もなくと感じている社員が多いことは、経営者として何の自慢にもならないかもしれません。たしかに改善の余地は大きく、私自身の力不足を感じています。

ただ、その一方で、私が副社長になった当時と比べたら社内の雰囲気がずいぶんと明るくなり、15年の歩みが間違いではなかったとも思うのです。

副社長に抜擢されたとき、私は自ら手を挙げて労働組合との労使交渉の場に行きました。私は創業者一族だったので、一般社員の時代も組合員にはなりませんでした。経営陣に加わるなら、労働組合というものをきちんと理解する必要があるのではないか。そんな気がして、何もわからないながら交渉の場に出向きました。

いざテーブルにつくと、雰囲気は最悪でした。

まず、経営陣の代表である父はその場におらず、交渉は専務任せ。父は家族主義で温かい人なのですが、親分肌ゆえに従業員と「交渉」するという感覚に欠けていたところがありました。

一方、従業員側も最初から喧嘩腰でした。交渉して妥協点を探る様子はなく、対立してあたりまえという姿勢でした。

従業員側の気持ちはわからなくもありませんでした。私はオフィス勤務でしたが、工場では残業や休日出勤が多く、給料もけっして高くないことは知っていました。

また、当時はリーマンショックの影響で、会社存続のために非正規のパートさんには仕事を辞めてもらわざるを得なかった。労働者の代表である組合が、「待遇を改善してもっと働きやすい職場にしてほしい」という要求はもっともだと思ったのです。

労使の対立を眼前にして、私はこのままでは誰も幸せにならないと実感しました。経営者として取り組むべきは、みんなが働きやすい職場をつくること。そう考えて、後日、**「みんなの給料を倍増できるような経営を目指す」**と宣言しました。

もちろんそれまで待遇がよくなかったのは、経営陣に悪意があったからではありません。待遇を改善できないのは、生産性が低かったり業績が伸びていなかったからです。これは経営者の一存でできるものではなく、労使が協力し合って取り組む必要があります。それを労使協議の場で訴え続けると、しだいに組合側の態度が軟化。労使協調の空気が生まれてきました。

その後、改善が見られなければ、ふたたび労使が対立に向かっていたかもしれません。しかし、この後お話するように職場環境が徐々に改善されてきて、現在の労使は良好な関係を保っています。

そのような歴史的経緯があったため、「可もなく不可もなく」というレベルまで従業員満足度が上がっただけでも私は前進していると感じるのです。

オフィスは残業ゼロ、工場は残業激減

この15年でもっとも大きく変わったのは残業時間でしょう。

かつて埼玉、宮城とも、多いときで月に80時間ほど残業時間がありました。オフィスは工場ほどではないですが、月10時間ほどでした。

それが現在は、**埼玉で10時間以内、宮城で45時間以内。オフィスに至っては残業ゼロ**が続いています。

とはいえ、残業時間の減少と同時に仕事量が減っていたら意味がありません。その点、コロナ禍などの時期を除くと、とくに製造量が減ったことはない。つまり生産性が向上したことが残業時間の削減につながったわけです。

生産性向上を実現できた要因は3つです。

まずは**「5S活動」**です。5Sは仕事をやりやすくするための活動ですから、当然、仕事の効率は上がります。たとえばものを探す時間がなくなるだけでも、塵も積もれば山となるで、作業時間が短縮されます。

すでにご紹介した**「DX」**も大きい。とくにオフィスはDXの効果が顕著で、管理部門の人数が7人から3人になったのに残業ゼロを実現できています。

一方、工場では、**「多能工化と共通化」**が残業削減に貢献しています。

ものづくりをしている会社ならわかっていただけると思いますが、製造工程は前よりも後ろのほうが詰まるものです。計画はきちんと立てますが、前の工程で不良などのアクシデントが発生して、そのしわ寄せが後工程にくるわけです。

多能工化が進んでいなかったころは、後工程にしわ寄せがくると、その工程を担当する社員は納期を死守するために残業や休日出勤をしていました。しかし、今は前工程を担当している社員が手伝いに行けるので、残業時間が平準化されます。

共通化の効果も大きい。

たとえばAとBという商品をつくるとしましょう。従来はまずAをゼロからつくって完成させて、次にBで同じことをやっていました。それぞれ10の工程があるとすれば、合計で機械を20回、段取りをしていたわけです。

ただ、AもBも途中まではほぼ同じ形状なら、共通しているところまではABまとめてつくり、途中から別々につくればいい。仮に前半の5工程が共通なら、前半5工程、Aの後半5工程、Bの後半5工程で計15工程になり、5工程分の段取り時間がいらなくなるのです。

５Ｓ、ＤＸ、多能工化と共通化。これらの施策の効果でＴＡＮＯＩの生産性は大きく向上しました。

ただ、生産性向上による残業削減はまだまだやれることがあると考えています。具体的には、**製造設備への投資**です。更新の時期がくれば、単に最新の機械に置き換えるだけでなく、同時にラインを見直して、いくつかの工程を集約してこなせる機械を導入したり、これまでにない画期的な工法の機械を試してみたいと考えています。

また、**就業形態の多様化**も検討課題です。人の残業がなくなれば、その間は機械も止める必要があります。しかし、途中で中断すれば、翌朝にまた稼働し直さなければいけません。なかには一度止めると寸法が変わってしまうため、段取りし直さなくてはいけない機械もあります。

効率を考えると、理想は24時間操業です。現在は導入していませんが、夜勤があれば全体として効率化できます。ワークライフバランスを重視したい多くの社員と、さまざまな事情でがっつり稼ぎたい夜勤社員というように雇用形態をうまく多様化できれば、さらに生産性を高めることができるでしょう。

有休取得率は71％を達成！

生産性が向上すれば、休みも取りやすくなります。

ＴＡＮＯＩは**年間休日日数を１２２日**に定めています。週休二日で1年52週だと104日ですから、それ以外に年末年始やお盆休み、祝日などが計18日ある計算になります。

その他に有給休暇がありますが、有休は勤務年数によって変わり、1年目で10日、2年目で11日、3年目で12日。以降、1年ごとに2日ずつ増えていき、最大で20日までです。法律で有休は最低でも5日取ることが義務づけられていて、それに関しては当然**１００％**。それを超える有休に関しても**取得率は71・3％**です。

製造課主任の宇田川勇樹は、有休の取りやすさについてこう話しています。

「工場は繁忙期があるし、いきなり休むと他の工程に迷惑がかかります。ただ、事前にすり合わせておけば嫌な顔をされることなく、むしろ上司からは『ちゃんと消化してえらい』と休むことをすすめられます。おかげでプライベートの時間は問題なく確保できます。オンとオフのメリハリがあるので、休み明けはまたフレッシュな状態で仕事に臨めます」

ちなみに管理職以上になると**有休を5日連続**で取れます。前後の土日と合わせると**9日間の連休**です。

もともと有休は社員が自由に取れるのですが、業務に支障が出る場合は会社に時季変更権があって日にちをずらせます。繁忙期に有休を取ったり、普通のときでもまとめて有休をとったりするとさすがに現場が回らなくなるので、あらかじめ閑散期に一部をまとめてとるように制度化しています。

長期有給休暇は社員にしっかり休んでもらうことが第一の目的ですが、**人に仕事をつけない仕組み**の一つでもあります。

管理職が9日間休めば普通、現場は困ります。だから管理職は部下に権限移譲したり自分の頭の中をマニュアル化したりして、自分が抜けても困らないように環境を整えます。実際に休むと、準備不足で業務が滞ることもあります。その場合はそれを反省点として、次の長期休暇までに対応すればいい。それを繰り返すうちに部下が育っています。

その他、**永年勤続者**は5年ごとに休暇と祝い金がもらえます。勤続5年は休暇1日で祝い金５０００円。以後、5年ごとに休暇の日数と祝い金の額が増え、勤続30年で休暇5日、祝い金10万円が支給されます。

以上、休暇制度をご紹介しましたが、中小の製造業としてはそれなりに充実しているのではないかと感じています。

福利厚生の一番人気は中華弁当⁉

福利厚生も充実させせました。

たとえば車通勤の社員が多いので通勤手当としてガソリン代を一部支給したり、加入している保険組合でテーマパーク割引があったり。中小企業としてはそれなりのものがラインナップされていると思います。

社員に地味に人気なのがお昼のお弁当です。

埼玉の本社や工場は畑や倉庫に囲まれていて、宮城の工場は山の中です。お昼どきにおいしいランチを出してくれる飲食店は周囲にありません。お弁当を自分で持ってきなさいというのも酷ですし、毎日コンビニ弁当も飽きるでしょう。理想は社員食堂ですが、中小企業の従業員数で食堂設備を用意するのは現実的ではありません。そこでTANOIではかねてより仕出し弁当を会社で注文して、お弁当代を会社が半分負担していました。

ただ、以前は社員の人気が高くありませんでした。というのも、お弁当屋さんを1社に限定していたから。とくに宮城のほうは配達可能なお弁当屋さんが一つしかなく、必然的にそこに注文するしかありませんでした。

健全な競争がないと品質が低下するのはどの業界も同じです。宮城のほうは、ふたを開けると揚げ物ばかりで、「わあ、今日も茶色い……」と肩を落とすことがしばしばでした。

変化のきっかけはリーマンショックでした。これまで「配達エリア外だから」と断られていたお弁当屋さんが、経営が厳しくなったことを機にエリアを拡大。2社購買にしたところ、もともとのお弁当屋さんも危機感を抱いて、味が格段によくなりました。やはり競争は大事ですね。

以降はお弁当屋さんを固定せず、定期的に入れ替えています。とくに埼玉は選択肢が比較的多いので、毎月入れ替えです。

ただ、埼玉には入れ替えないお弁当もあります。毎週、月曜と木曜だけで近所の中華料理店にお願いしてお弁当をつくってもらっているのですが、その人気が高いのです（現在、先方の事情により一時停止中）。

いかに人気が高いかは営業担当を見ているとわかります。営業は普段外にいるため、お弁当代半額支給は適用されず、そのかわりに昼食補助分を営業手当として支給しています。その営業が、なぜか月曜日になると事務所に来て中華弁当を注文するのです。月曜日は午前中に会議があるので、オフィスにやってくるのはわかります。しかし、その後は外に出てもいいはずです。仮に午後も事務所で仕事をするとしても、営業はお弁当が半額にならないので、外に出て好きなものを食べればいいでしょう。にもかかわらず、営業はあえて定価でお弁当を注文しています。

たかが弁当かもしれませんが、されど弁当です。会社に行くのが楽しみになる社員がいるなら、福利厚生として大成功ではないでしょうか。

コミュニケーションが多い職場は働きやすい

社員が働きやすい環境を福利厚生面から紹介してきましたが、福利厚生以上に影響が大きいのが**職場の人間関係**でしょう。

待遇が多少悪くても、職場で仲間の絆が強ければ「みんなのために頑張ろう」と踏ん張れます（もちろんそれに胡坐をかくことなく福利厚生を充実させることは重要です）。しかし逆に福利厚生が整っていても職場の人間関係がうまくいかなければ、社員はあっさりと辞めていきます。

職場の人間関係は、働きやすい職場の必須条件なのです。

では、職場の人間関係をよくするにはどうすればいいのでしょうか。

方向性は二つあります。一つは、相性のいい人同士を組み合わせること。ただ、これは社内にチームの数がたくさんあって、転勤を含めた異動が容易な会社でこそできる施策です。もちろん配属や異動の際には相性を最大限に考慮しますが、中小企業でできることには限界があるでしょう。

中小企業で効果的なのは、もう一つの方向性です。それは**社員間のコミュニケーションを増やす**こと。人は相手のことを知れば知るほど親近感が湧くものです。たとえば仕事で「口うるさいな」と思っている上司も、実はプライベートで同じ趣味を持っていることがわかっただけで、なんとなく憎めなくなる――。それが人間の心理です。

コミュニケーションが増えると、人間関係がよくなるだけではありません。コミュニケーションを取ることで、仕事が部分最適から全体最適へと近づいていきます。

人は自分の担当する仕事だけに気持ちが行きがちです。しかし、一人ひとりが最高の仕事をしても、それが必ずしもチームとして最高のパフォーマンスにならないのが仕事の面白いところです。

重要なのは、**自分の前工程や後工程の人とコミュニケーションを取ること**。前工程の人とコミュニケーションが密になれば、「前工程はこういう意図で後工程に渡しているのか」と気づきます。逆もまた然りで、後工程の人が前工程に「こうやってくれると後がやりやすい」と伝えやすくなります。自分の担当を超えてコミュニケーションを取ることで、全体の品質や効率が向上するのです。

全体が効率的に動けば生産性が高まり、残業削減も進みます。コミュニケーションを増やすと人間関係がよくなって直接的に働きやすくなるだけでなく、間接的にワークライフバランスを改善させて職場を働きやすいものにする効果もあります。コミュニケーションの活性化は、働きやすさ向上の特効薬なのです。

かつてのTANOIは、必ずしもコミュニケーションの多い職場ではありませんでした。私が工場にいって「おはよう」と声をかけても、薄いリアクションしか返ってこなかったという話をしましたが、社員間も似たようなものでした。

しかし、さまざまな施策の成果で、職場で元気な声が自然に飛び交うようになってきました。それが現在の働きやすさにつながっていることは間違いありません。では、具体的にどのような施策をしたのか。具体的に紹介していきましょう。

社員は交流の場を求めている

まず、**部署を超えたコミュニケーション**からです。

TANOIは田野井製作所とミヤギタノイに会社が分かれていますが、年に1回、社員が一堂に会する場が期首の方針発表会です。

方針発表会は全社員参加で、銀行などの関係者も招きます。二部制で、一部はその期の経営計画や経営方針などを発表します。ここでも朝礼と同じようにTANOIの信条を唱和しますが、その様子を技術部部長の久保武史はこう語ります。

「150人の声がピシッと揃うと気持ちいいですよ。みんな同じ仲間なのだなと一体感を強く感じます」

二部は懇親会で、社員間で親睦を深めます。埼玉と宮城の交流を深めることが重要なので、席順はミックスです。普段から情報共有をしているのでお互いに名前くらいは知っているのですが、顔を見るのは初めてで、「あなたが○○さんですか！」という会話があちこちで交わされます。

その他、埼玉と宮城でそれぞれさまざまな交流イベントがあります。

会社が企画するのは、**春のバーベキュー**。毎年、方針発表会で新入社員を紹介しますが、バーベキューで改めて自己紹介の機会をつくり、おいしいお肉を食べながらみんなに馴染んでもらいます。

方針発表会は社員交流の機会でもある

社員旅行や**忘年会**も親睦を深める貴重な機会です。

埼玉では年末の最終稼働日に忘年会を開催しました。午前中は仕事をして、午後から宴会場に移動して忘年会です。宮城は年末に1泊で温泉旅行です。近場の温泉に泊まって、夜は宴会です。

いまどき昭和スタイルの懇親会は流行らないと考える人もいるでしょう。しかし、人間が求めるものは時代が変わってもそれほど変わらないと思います。

2021年末はコロナ対応で、宮城の1泊旅行は中止。代わりに翌年の夏に日帰りのバス旅行をしました。すると、なんと過去最高の参加人数を記録しました。例年は「イベントに参加したいけど、子どもがいるので泊りは無理」と参加を見送っていた社員が大勢参加したようです。

その他、組合の主催でボーリング大会をやったり、宮城では郷土色豊かに芋煮会を開いたりしています。組合の主催ですから、会社が仕掛けたのではなく社員側が自ら望んで企画したわけです。

これらのことからわかるように、多くの社員は交流する場を求めています。時代に

社員企画のイベントも開催される

合わせてやり方をアップデートする必要はあるかもしれませんが、「若い社員は会社のイベントが嫌い」は間違い。むしろ会社が積極的に場をつくるべきでしょう。

飲みニケーションはルールを決めておく

飲みニケーションも、誤解が多いコミュニケーション方法の一つでしょう。最近の若者は飲み会が苦手と言われています。しかし、私が知るかぎり、昔とそれほど変わっているようには思えません。**「社長と飲みニケーション」**は社員に人気で、普段モジモジしている恥ずかしがり屋の若い社員がノリノリで参加したりしています。

社長と飲みニケーションは、年に埼玉と宮城で4回ずつ、名古屋、広島で1回ずつ、計10回開催されます。

参加者は私と幹事役の幹部一人、そして各部署の幹部が指名した6人の社員、計8人です。できるだけ多くの社員と話したいのですが、あまり多すぎると一人ひとりとじっくり話せません。また、「何を話しても大丈夫」という心理的安全性も人数が多いほど低下します。お互いに胸を開いて話してそれを受け止められる人数は、せいぜい7～8人です。

会は業務時間外なので欠席もオーケーです。もちろん評価にも影響しません。ただ、欠席する社員はほぼゼロです。

社長と飲みニケーションは、時間や予算、乾杯の音頭まで細かくルールが決まっています。

乾杯の後は、自己紹介と近況報告をする「チェックイン」を一人3分ずつ。その後は、一人ずつ私に三つの質問をします。

細かくルールを決めるのは、完全にフリートークにすると何を話していいかわからず困ってしまう社員がいるからです。あらかじめ「質問を三つ以上用意しておいて」というと、コミュニケーションに苦手意識がある社員もスムーズに会話できます。

質問内容は何でも構いません。日々の仕事で感じていることでもいいし、経営方針についてでもいい。私個人に対するプライベートな質問もオーケーです。ただし、私も黙秘権を行使するときがありますが（笑）。

仕事に関する質問では、

「どうすればA評価を取れますか」

「将来はあの部署で仕事をしてみたい。どういう経験を積めば異動できますか」

というように自分の評価やキャリアに関する質問が多いです。

一方、私に対する質問は多種多様です。

「今までに旅行してどこが一番楽しかったですか」

「一番好きな食べ物は何ですか」

「いつも元気ですけど、疲れることってあるんですか」

これらの質問からわかるように、社長と飲みニケーションは社員が私から情報収集する場として機能しています。ただ、私にとっても社員の生の声を聞く貴重な機会です。仕事やキャリアに関する悩みはマネジメントの役に立つし、仕事場では見せない表情を見て「この社員にはこういう仕事を任せたほうが輝くかもしれない」と考えたりします。

私はひそかに箸の持ち方もチェックしています。これは仕事のためではなく、社員

社長と飲みニケーション

の人生のため。よほどひどい社員がいると、「将来結婚したい相手ができてご両親に挨拶に行くとき、それじゃ困るよ」と諭します。職場にはそぐわない話ができるのも飲みニケーションのいいところです。

会の最後は「チェックアウト」で一人1分ずつ感想を述べます。二次会は自由ですが、私と幹部は二次会禁止。私や幹部への悪口も含めて（笑）、社員だけで盛り上がってくれたらいいと考えています。

TANOIで仕組み化されている飲みニケーションは、社長と飲みニケーションと、前項で紹介した各種イベントだけです。埼玉や宮城は車社会。もともと仕事帰りに社員が連れだって飲みに出かけることは滅多になく、そこを無理に促す必要はないと考えています。若者が飲み会嫌いというのも、毎晩のように連れていかれる職場での話でしょう。飲みニケーションは日常ではなく、たまにあるから盛り上がります。TANOIの現在のバランスはおそらく理想的ではないでしょうか。

ちなみに平日夜に社員同士で遊びにいく機会は少ないものの、そのぶん週末は活発で、社内にはゴルフやサウナ、釣り、ラーメンなどのコミュニティがあって活動しています。コミュニティ活動は会社として制度化しているものではありません。しかし、親睦を深めるのはいいこと。月曜日に疲れを残さない範囲で楽しんでくれたらいいと思います。

EGやサンクスカードでコミュニケーションを活性化

コミュニケーションは特別なイベントや業務時間外の飲みニケーションに限らず、日常の仕事の中で活発に行われることが理想です。普段の職場でお互いが関心を持って声を掛け合う文化が醸成されれば、さらに働きやすい職場になるでしょう。

職場でのコミュニケーションに一役買っているのが**「EG（エマジェネティックス）」**です。

EGは脳神経科学をベースにした心理測定ツールで、人間の四つの思考・行動特性のうちどれが強いかを測定します。たとえば思考特性で「分析型」が強く出る人に動いてもらいたければ、夢を熱く語るのは逆効果。なぜそれをやるべきかという合理的な理由を説明したほうが腹落ちして力を発揮してくれます。

そのような特性がわかっていれば、「この人はアイデア先行の『コンセプト型』だから、細かいことを伝えるのは控えよう」「上司は変化を嫌う『構造型』なので、前例があることを強調しよう」というように、相手に合わせたコミュニケーションができるようになります。

TANOIでは全社員にEGを受けてもらい、それぞれの特性がお互いにわかるようにしています。まだ社員間で相手のEGを見て適切なコミュニケーションを取るというところまではいっていませんが、管理職には部下のEGを把握してマネジメントするように指導しています。

上司と部下のコミュニケーションに関しては、**毎月の評価面談**が重要な役割を果たしています。面談の目的は目標の共有やその進捗チェックですが、同時に部下のコンディションや思いを把握することも求められます。面談時、上司は次の4つを必ず質

EGのプロファイルを共有して相手の特性を把握する

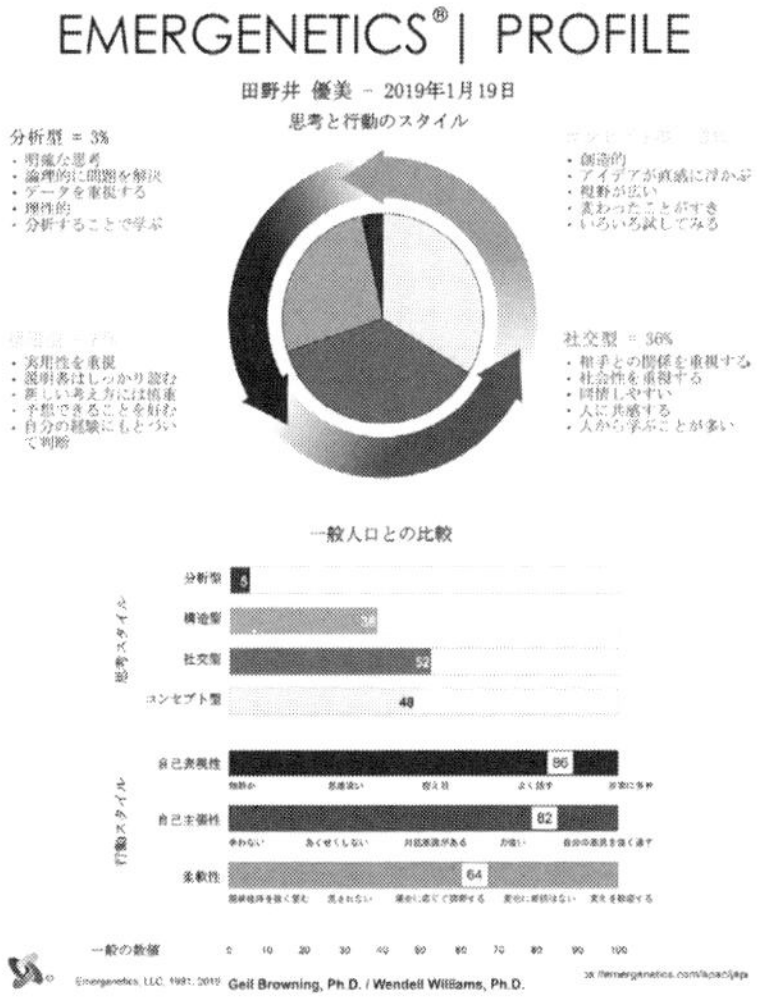

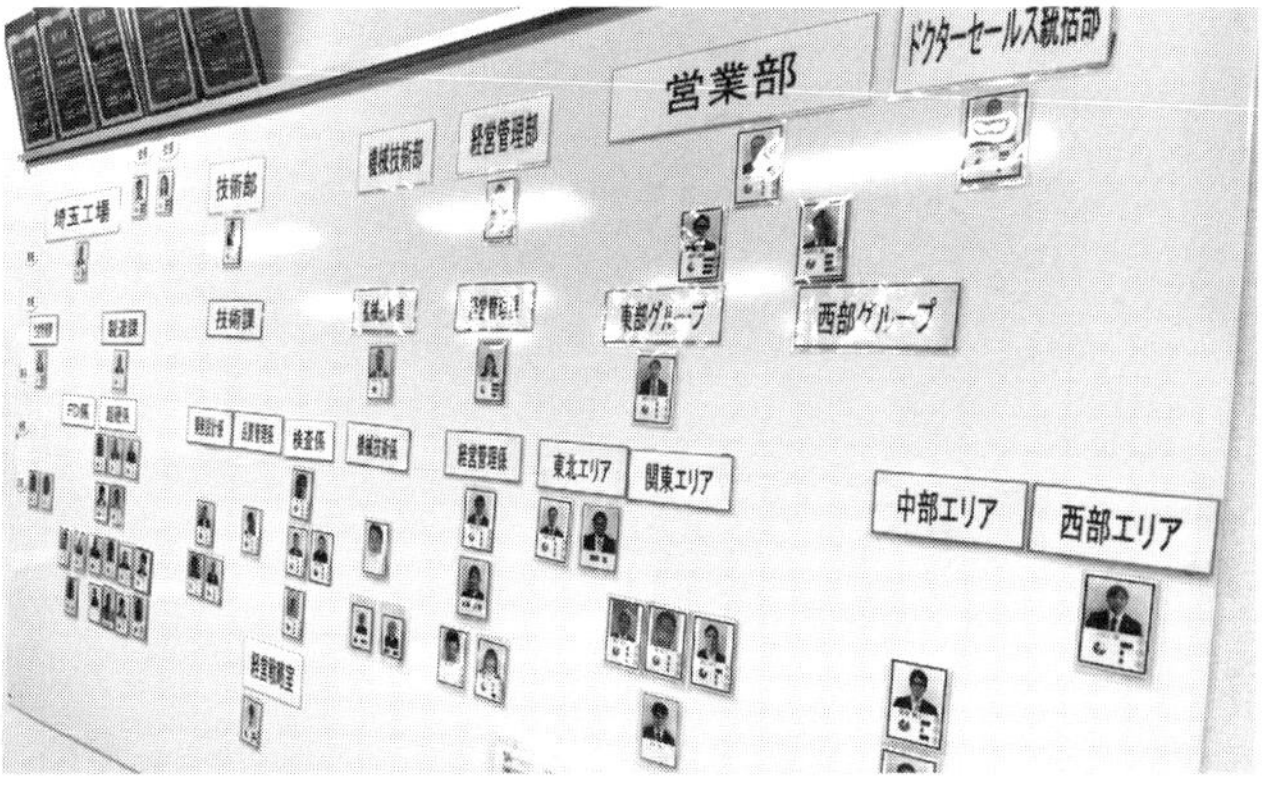

問することになっています。

「今、困っていることは?」

「満足していることは?」

「比重が大きい仕事は?」

「今後、挑戦したいことややりたいことは?」

その他、気にかかることがあれば話してもらい、逆に上司からは部下ができたことをあげて賞賛や感謝の気持ちを伝えます。

このように型が決まっていると、上司はヒアリングしやすいし、部下は事前に何を聞かれるのかわかっているので心の準備ができます。

面談でのコミュニケーションのうち一番難しいのは、部下を褒めることでしょうか。技術部部長の久保武史は、部下を褒めることが苦手でした。褒める気持ちがないわけではありません。「ありがとう」「よく頑張った」と言うのが照れくさいのです。

本人と面談時にその悩みを打ち明けられたので、私は「減るもんじゃないし、気前よく褒めてあげればいいよ」とアドバイス。その一言が効いたのか、以降は積極的に部下を褒めるようになりました。

ただ、久保のように意識を切り替えられるタイプばかりではありません。とくにEGでいう自己表現、自己主張が低い人は直接褒めることが苦手です。そういう人でも気軽に褒められる仕組みが**「サンクスカード」**です。

サンクスカードは、まわりに感謝や賞賛の気持ちを伝えたいときに相手に送るカードで、カードを書くと1点、もらうと2点で、その年に点数がもっとも高かった人は経営方針発表会で表彰されます。

言葉にするかわりにカードを書くと、コミュニケーションが減るのではないかと心配する人もいるでしょう。

しかし、実態は逆です。書くと点数がつくので、これまでまわりに関心を持たなかった人も、何か褒めるところはないかと目を向けるようになります。また、カードを送るときに無言で送る人はいません。照れくさがる人でも、「カードを送ったよ。ありがとね」くらいは言葉を添えます。結果、以前よりコミュニケーション量が増えています。

もともと積極的に人を褒めるタイプは、サンクスカードがあろうとなかろうと人を褒めます。私はそのタイプなので、つい口で済ませてカードを送るのを忘れてしまいがちです。一方、直接褒めることが苦手な人はサンクスカード導入で人を褒める機会が増えました。職場のコミュニケーションは確実に底上げされたと思います。

これらさまざまな施策によって、ＴＡＮＯＩではコミュニケーションの量や質が改善しました。私が入社した当時と比べると、職場の雰囲気は雲泥の差。現在のほうが明るくて気持ちのいい職場であることは言うまでもありません。

評価面談、サンクスカードも
コミュニケーションを活性化させる仕組み

・毎月行う評価面談

・感謝の気持ち伝えるサンクスカード

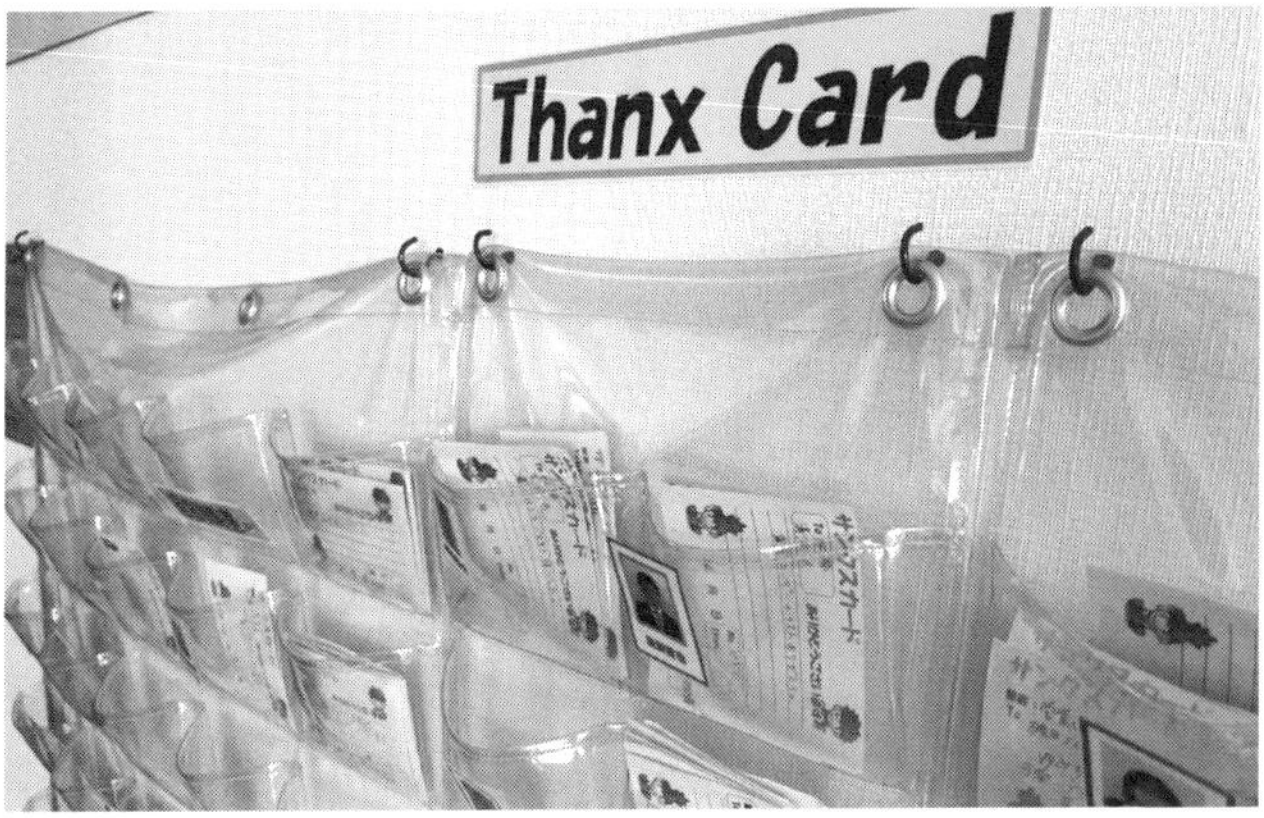

第7章

次の100年に伝えたいこと

100周年目前に大ピンチ！

本当にこのまま無事に100周年を迎えられるのか──。

TANOIは2023年11月3日に創立100周年を迎えます。100年かけて培ってきたものを、いかに次の100年に引き継ぐか。それがこのタイミングで社長を務める私に課せられた重要な責務です。

しかし、その直前になって新型コロナウイルス感染症が猛威を振るい、私たちも無傷ではいられませんでした。受注が激減して売上も減少。社員の基本給は保証したものの、そもそも出社できない状況では残業などの各種手当までカバーすることはできず、残念ながら辞めていった社員もいました。社員の待遇をよくすることを方針として掲げていた私にとっては、痛恨の出来事です。

厳しい中でも社員はよく踏ん張ってくれました。生産がないときは、ものの流れがよくなるように機械の配置を見直すなど、機械が止まっているときにしかできないことに注力して、ふたたび受注が増えるときに備えてくれました。危機に立ち向かうことで会社の体質は強くなるといいますが、コロナ禍で組織力はさらに強化されたと思います。

ただ、コロナ禍のピークが過ぎた後も、電気代の値上げによるコスト増が経営に重くのしかかりました。電気は一般家庭用の低圧と、法人用の高圧・特別高圧があります。低圧の値上げも大きいですが、高圧・特別高圧の値上げはそれ以上で、ここ２年で2倍以上になっています。

コスト増を吸収しようと効率化をさらに進めましたが、さすがに経営努力でカバーできる範疇を超えています。２０２２年には製品を平均10％値上げして、お客様にご理解いただけるよう努めました。２０２３年12月にも実施予定です。23年６月には電気代がさらに値上げされます。受注は復調しましたが、このままコスト増が続くと赤字転落もあり得る状況です。

１００周年に向けて勢いをつけたい時期ですが、まず足元を固めるために奔走する毎日です。

チームTANOIを加速させる「蓮田合意」

ただ、今回の危機はいいチャンスだとも受け止めています。これまでの延長線上で改善を続けるだけなら、よくて現状維持です。コロナ禍で工場がレイアウトを見直したように、会社全体も危機ゆえに大きな見直しに踏み切れるはずです。

そう考えて、2023年は経営方針のつくり方を例年と変えてみました。197ページで説明したように、例年は私が会社としての経営目標を決め、その実現方法を各部署の幹部が合宿で話し合い、さらに具体的な計画へと落とし込んでいました。しかし、今年はアプローチを変更。最初に部署ごとに考えるのではなく、会社としての経営課題を洗い出して、部署を超えてチームTANOIで取り組むことにしました。

経営方針合宿は金土の二日間で、合宿と名がつくものの宿泊はなく、貸会議室に缶詰めになって行いました。二日間で約20の課題が出ましたが、すべてをやろうとするとどれも中途半端に終わりかねません。そこで課題を四つに絞り込みました。

具体的なテーマは次の四つです。

一つ目は、**「納期の安定・短縮」**です。TANOIはお客様のご要望にできるだけ対応する方針でやってきました。たとえば短納期の案件が突然入っても、なんとかやりくりして対応してきました。ただ、それゆえ生産計画が狂い、もともと発注いただいていた案件と急に入った案件の両方で納期が遅れてしまうケースも発生していました。お客様のご要望に柔軟に応えつつ納期を守るという難しい課題を解決するには、やり方を抜本的に見直す必要があります。まさに全社で取り組むべき課題です。

二つ目は、**「粗利益率の向上」**です。これは主にコスト削減を中心に考えています。電気代が高騰する中で製造原価をどうすれば抑えられるのか。予算管理方法の見直しも含めて、新たな発想が求められます。

三つ目は、**「オンリーワン商品の比率向上」**です。二つ目の課題とも関係してきますが、粗利益率を向上させるには、付加価値の高い商品へのシフトが欠かせません。お客様にその価値を感じていただくには、高価格に相応しい独自性や高品質、販売後のフォローも含めた総合的な力が求められます。これも全社で取り組みたい課題です。

四つ目は**「販売網の再構築」**です。TANOIの商品は商社を通してお客様のもとに届けられますが、市場は絶えず変化しており、販売網もそれに合わせてバージョンアップしていく必要があります。お客様がタップやダイスを欲しいと思ったときに、しっかりと届けられるかどうか。デジタルの活用も視野に入れながら、商社のみなさまと新たな販売体制を築いていきます。

これらの四つの課題には、それぞれ主担当と副担当がついています。従来なら「この課題はこの部署」というように関連性の強い部署の幹部を責任者にしていたと思いますが、今回は完全に部署の壁を取り払いました。たとえば四つ目の「販売網の再構築」は営業に関連する課題ですが、製造の幹部が主担当になっています。

部署の壁を取り払った目的は二つあります。一つは、どの部署にいてもチームTANOIとして当事者意識を持ってほしいから。もう一つは、新しい視点を入れることで従来の延長にないチャレンジをしてほしいからです。

今年から取り組み始めたアプローチなので、結果が出るのはまだ先の話です。ただ、チームＴＡＮＯＩの意識を持つことに関しては合宿で早くも手ごたえを感じました。合宿は例年盛り上がるのですが、いつも以上に議論が活発になったのです。

合宿初日の金曜日は盛り上がり過ぎてみんな夕食を食べるのを忘れていました。会議が終わったのは夜11時です。なんとなく名残惜しくて、みんなで何か食べて帰ろうという話になりましたが、飲食店は閉まっています。唯一開いていたのが某牛丼チェーン。幹部全員では入店できないので、結局人数分をテイクアウトして会議室で食べました。

脳みそをフルで使ったからでしょうか。牛丼がやたらとおいしく感じられて、

「あれ、ここの牛丼ってこんなにおいしかったたっけ？」

とみんな口々に言い合っていました。

翌日も白熱して、最終的に四つの課題と主担当・副担当が決まったときには全員がグッタリ。しかし、最後に今回の新しい試みに名前をつけようという話になって、もうひと盛り上がり。ＪＲ蓮田駅近くの貸会議室で合宿を行ったことから**「蓮田合意」**という案が出たところ、あれよあれよとそれに決まりました。普段のテンションなら

国際政治用語のような名前はつけなかったと思いますが、あのときはみんなハイになっていたようです（笑）。

今となっては大げさな名前をつけてよかったと感じています。TANOIに必要なのは、厳しい環境だからこそ思い切って変革する勇気です。「蓮田合意」というインパクトのある名前をつけたのだから、小手先の改革では名前負けします。100周年に向けて、うまく自分たちを追い込むことができたのではないでしょうか。

100周年で伝えたいこと

100周年の記念行事は5月に東京で行いました。90周年のときは社内で記念行事をやっただけで、対外的なイベントにはしませんでした。しかし、今回は関係者を招いて大々的に行いました。

TANOIが100年続く会社になった要因はさまざまです。TANOIの商品をお使いいただいているお客様、お取り扱いくださっている商社の皆様、先人たちが磨いてきた技術の蓄積やファミリー企業としての強さ、社員が流してきた汗。いずれも一朝一夕に得られるものではなく、歴史の長さはお金で買えるものではないことを改めて感じています。

100周年記念行事は、TANOIの歴史にかかわった人すべてに感謝する会にしたい。そう考えて、社員だけでなく関係者も招待して、みなさんでTANOIの歴史を共有できるような式典を行いました。

会場にはこだわりました。100年という歴史を共有する会ですから、会場もそれに相応しい場所がいい。そのような思いで3年前から会場を探し始め、丸の内の東京會舘に行き当たりました。TANOIの創業は1923年11月3日。東京會舘のオープンは、1922年11月1日。東京會舘がちょうど1年先輩で、すごい縁を感じたのです。

下見に行くと、螺旋階段の上に大きなシャンデリアがありました。話を聞くと、そのシャンデリアは100年前のもので、日本に3基あるうちの一つだとか。他の一つは関西にあり、もう一つは2基に部品を供給するバックアップ用として保管されているそうです。100年輝き続けるためにそこまで徹底するのかと感動して、記念行事の会場としてお借りすることにしました。

私は毎年の創立記念日にはいつも社員に同じ話をしています。

「みなさんがこの世に生を受けたのはお父様とお母様がいたからです。そのご両親もそれぞれに父と母がいます。そうやって10代さかのぼると、2046人のご先祖様がいてはじめてみなさんが生まれたのです。

一方、TANOIは創業者の田野井丈之助が起業を思い立たなければ生まれず、その後に続く経営者や社員の努力がなければ今日の日は迎えられませんでした。

みなさん一人ひとり、そしてTANOIという会社も、ご先祖様がバトンを継いでくれなければ存在しませんでした。いわば奇跡の存在です。日本には企業が約300万社あると言われていますが、その中でみなさんが働く場としてTANOIを選び、またTANOIもみなさんを選んだのは、まさに奇跡的な縁と言っていい。これからも、感謝の気持ちを忘れずに、この縁を大事にしていってください」

100年の歴史に感謝して、
次の100年にバトンをつなぐ

ベテランの社員は何度も同じ話を聞かされていますが、あえて毎年この話をするのは、**人として感謝の気持ちを忘れてほしくない**からです。いくら品質のいいものをつくったり、商品をたくさん売ったりしても、まわりの人のおかげで今の自分があると思えない人はＴＡＮＯＩに相応しくない。そのことを胸に刻んでもらうために、毎年同じ話をしています。

１００周年記念行事にこめた思いも同じです。１００年の歴史に感謝して、また次の１００年に向けてバトンをつないでいく。出席したみなさんが自然にそう思ってもらえたなら、うれしいです。

TANOIブランドを世界へ

次の１００年に向けて何をやるのか。夢やアイデアはたくさんあります。

まだ話していないところでは**海外展開**です。

実は現時点でもＴＡＮＯＩの商品は世界に広がっています。国や地域の名を挙げると、中国、韓国、台湾、タイ、ベトナム、インドネシア、マレーシア。さらにアメリカとヨーロッパの一部にも輸出しています。

ただ、お客様は日系企業の工場が中心で、現地のローカル企業にはほとんど知られていません。価格競争になると難しいですが、ＴＡＮＯＩのオンリーワン商品ならトータルでお客様のコストを下げることが可能です。そのことをうまく伝えて、ＴＡＮＯＩを世界のブランドにしていきたいと思います。

そのための布石として、技能実習生の受け入れも検討しています。技能実習生は期間限定ですが、ＴＡＮＯＩでものづくりを学ぶ過程でファンになってもらえれば、帰国後も何らかの形でＴＡＮＯＩとかかわってくれるかもしれません。

たとえば帰国後に代理店になってＴＡＮＯＩの商品を広めてもらったり、技術提携して工場を立ち上げてもらうのもおもしろい。

そこまで行くのは10年20年先の話かもしれませんが、動き出さないことには何も始まりません。２０２３年10月にはインドネシアに視察に行き、技術実習生受け入れの可能性を探ります。まだクリアしなければいけない壁はいくつかありますが、「世界の

ＴＡＮＯＩ」になるために一歩ずつ進めていきたいと思います。

新規事業はスナック経営!?

私の個人的な夢もお話しさせてください。

私はいずれ「スナック」を始めたいと考えています。ＴＡＮＯＩとしてやるのか、それとも個人でやるのかはまだ検討中ですが、本気です。

副社長に抜擢されてから14年。経営のことを何も知らなかった私が今までやってこられたのは、仕事を通して出会った業界の方々、さまざまな集まりで出会った異業種の経営者の先輩たちなど、本当に、まわりの素晴らしい方々のおかげです。壁にぶつかったときに励ましてもらうこともあれば、悩みを共有し合ったり、具体的なアドバイスをもらえることもありました。人とのつながりがなければ、きっとどこかで心が折れていたでしょう。

私はたまたま出会いの機会に恵まれて、大好きな方々とつながることができました。

ただ、わが社の社員も含めて、出会いの機会がなかなかない方もいます。それは非常にもったいない話です。ならば、人と人の素敵な縁をつなげるお手伝いをできないか。そう考えたときに浮かんできたのがスナックでした。

スナックは不思議な空間です。業界で知らない人はいない有名な経営者も、入社数年の若手ビジネスパーソンも、カウンターに座ってしまえば立場は同じ。俗世間に存在する垣根を超えて話ができて、お互いにいい刺激になります。

もちろん仕事の話をしてもかまいません。オフィスの会議室では聞けない情報が聞けたりするのがスナックのいいところです。

実際、私が「スナックをやりたい」とスナックで漏らしたら、

「こんな物件が空いていたよ」

「特定の曜日だけ営業できるシェアスナックがある」

というように続々と情報が集まってきました。

同じことを会社で話しても呆れられるだけです。しかし、スナックには夢物語もお

もしろがって協力してくれる懐の深さがあるのです。

理想は、私が時折ママをやって、そこに社員も遊びに来て、経営者仲間とも自然に交流が生まれて何かを学んで帰っていくような場所です。遊んでいないで本業を真面目にやれと怒られそうですが、私がやりたいのは人づくり。スナック経営を通して人と人のつながりをつくり、それによって良縁が広がっていけば本望です。その意味でＴＡＮＯＩの経営と矛盾しませんし、人の成長はものづくりにもいい影響を与えるはずで、本業との相乗効果を期待できます。

もう一度言いますが、私は本気です。

素敵な人と人とがつながり、良縁が広がって、そこから生まれたものでこの社会がより素晴らしくなる。

そんな場になったら最高に幸せです。

ものづくりのおもしろさを感じられる未来へ

もちろん１００年先も本筋がものづくりであることに変わりありません。

タップやダイスの製造にかかわって強く感じたのは、ものづくりの奥深さと難しさです。髪の毛一本に満たないほどのわずかな差でねじの品質が左右され、それが最終製品の頑丈さや寿命にも影響を与えてしまう。実にシビアな世界です。

同時に、そのおもしろさも日々実感しています。

創業者は、「製造業は無から有を生むから素晴らしい」と言いました。形のないところに形を与えていくものづくりはクリエイティブな仕事です。

今後ものづくりのかなりの部分が機械で自動化されていきますが、無から有を生むクリエイティブのところはそう簡単に代替されません。１００年先には、ものづくり本来のおもしろさにより焦点が当たる時代になっているでしょう。

私の役目は、ものづくりの奥深さとおもしろさを次世代に伝えること。そして**そのために仲間を募り、人を育て、さらには素晴らしい人と人との良縁をつないでいくこと**です。その責任を感じつつ、新たな１００年に向けてまた一歩を踏み出していきます。

おわりに

私は今、ドイツ北部の都市、ハノーファーに来ています。

目的は、世界最大の国際工作機械展示会「ＥＭＯ」への出展。ＥＭＯは、前回の開催時には、世界各国から２２１１社が出展した、文字通り、工作機械業界のビッグイベントです。

コロナ禍を経て4年ぶりのハノーファー開催ということもあり、海外のお客様方と久しぶりの対面での再会を喜ぶ一方、進化したＴＡＮＯＩの技術を、新旧問わずより多くのお客様に知っていただきたい。朝9時から夕方6時までびっしり入った商談に臨みつつ、飛び込みでいらっしゃったイレギュラーなお客様にも対応するなど、分刻みのスケジュールで動いているところです（そして、そのスキマ時間で締め切りに追われながら、この原稿を書いています（笑））。

タップの世界的な潮流は、主に価格面などの理由から、中国をはじめとする海外製品へのニーズが高まっています。

その一方で、高品質な「メイド・イン・ジャパン」ブランドへの信頼度も依然、高いものがあると今回の出展であらためて感じています。

そして、ＴＡＮＯＩの製品が「メイド・イン・ジャパン」ブランドから一歩進んで、「メイド・イン・ＴＡＮＯＩ」ブランドとして、世界中で認知され、支持されていく。

そのためには、５代目社長である私が先頭に立って、これからも人を育て、お客様の信頼を積み重ねていかなくてはならないと思いを強くしているところです。

その道の先に、ＴＡＮＯＩの「次の１００年」があるはずです。

＊　＊　＊

最後まで、お読みくださり、まことにありがとうございます。

まだまだ成長途上の私たちですが、本書の内容が、皆様が抱えている課題解決の一助になればうれしく思います。

また、機会がありましたら、ぜひ、実際にお越しになり、私たちの技術と、さまざまな人づくりの取り組みをご覧ください。皆様にお目にかかれることを楽しみにしております。


末筆になりましたが、当社のお客様、お取引先の皆様、金融機関の皆様、地域の皆様、チームＴＡＮＯＩの皆さんとそのご家族に、心より御礼申し上げます。

そして、ここまでバトンをつないでくれた、当社の創業者である田野井丈之助、歴代の社長の皆様、歴代のチームＴＡＮＯＩの皆さん、先代であり、父である田野井義政、いつも私を支えてくれている兄弟たち、そして私の大好きな天国の母に心からの感謝を申し上げて、本書を終えることといたします。

ありがとうございます。

株式会社田野井製作所　代表取締役　田野井 優美

著者紹介

田野井優美（たのい・ゆみ）

株式会社田野井製作所代表取締役
東京都出身。米国留学後、2002年、田野井製作所入社。取締役副社長を経て、2013年より現職。グループ会社である株式会社ミヤギタノイの代表取締役も務める。
田野井製作所は、1923年創業のタップ・ダイスメーカー。専業ならではの高い技術に支えられた商品は、トラブルが少なく、コスト削減につながると好評。また、整理・整頓・清潔が行き届き、明るい挨拶が飛び交う工場、IT・DX化が進む本社には、県知事はじめ、ユーザー、商社、金融機関、学生など、見学希望者が後を絶たない。

●株式会社田野井製作所
〒349-0226
埼玉県白岡市岡泉953
https://www.tanoi-mfg.co.jp/

●株式会社ミヤギタノイ
〒989-0537
宮城県刈田郡七ヶ宿町字萩崎15-1

老舗工場《しにせこうじょう》の働《はたら》き方大改革《かただいかいかく》！
100年企業《ねんきぎょう》の　ものづくりは人《ひと》づくり
～5代目女性社長《だいめじょせいしゃちょう》の奮闘記《ふんとうき》

〈検印省略〉

2023年　11　月　3　日　第　1　刷発行

著　者――田野井　優美（たのい・ゆみ）
発行者――田賀井　弘毅

発行所――株式会社あさ出版
〒171-0022　東京都豊島区南池袋 2-9-9 第一池袋ホワイトビル 6F
電　話　03（3983）3225（販売）
　　　　03（3983）3227（編集）
F A X　03（3983）3226
U R L　http://www.asa21.com/
E-mail　info@asa21.com

印刷・製本　文唱堂印刷株式会社

note　https://note.com/asapublishing/
facebook　http://www.facebook.com/asapublishing
twitter　http://twitter.com/asapublishing

ISBN978-4-86667-648-7 C2034